城市轨道交通运营与维修技术丛书

城市轨道交通运营组织

何宗华　汪松滋　何其光　主编

中国建筑工业出版社

图书在版编目（CIP）数据

城市轨道交通运营组织／何宗华等主编. —北京：
中国建筑工业出版社，2003
（城市轨道交通运营与维修技术丛书）
ISBN 978 – 7 – 112 – 06000 – 9

Ⅰ. 城…　Ⅱ. 何…　Ⅲ. 城市铁路 – 经济管理
Ⅳ. F530.7

中国版本图书馆 CIP 数据核字（2003）第 079359 号

　　本书包括：运营组织概论、城市轨道交通行车组织、城市轨道交通客运管理、票务管理、城市轨道交通经济技术指标的分类及计算方法、城市轨道交通营销策划、信息化管理、城市轨道交通车辆的运用及乘务管理等内容。

　　本书服务于城市轨道交通运营管理部门的技术与行政管理人员、维修工作人员及大专院校师生。

＊　　　＊　　　＊

责任编辑：胡明安
责任设计：彭路路
责任校对：王金珠

城市轨道交通运营与维修技术丛书
城市轨道交通运营组织
何宗华　汪松滋　何其光　主编
＊
中国建筑工业出版社出版、发行（北京西郊百万庄）
各地新华书店、建筑书店经销
廊坊市海涛印刷有限公司印刷
＊
开本：787×1092 毫米　1/16　印张：10¼　字数：248 千字
2003 年 10 月第一版　　2016 年 9 月第十二次印刷
定价：**28.00**元
ISBN 978-7-112-06000-9
（12013）

《城市轨道交通运营与维修技术丛书》

编 委 会

《城市轨道交通运营组织》编写人员名单

主　编：汪松滋

第一章　汪松滋

第二章　蒋维彬　陈光华

第三章　韩建明　田益锋

第四章　朱效洁　王子强　王伟雯　徐　春

第五章　蒋维彬

第六章　陈光华

第七章　王子强

第八章　戴　琪　沈世昉

序

我国城市轨道交通建设发展至今，已有 30 多年的历史，最初只有北京地铁 40 多 km 的运营线路，自 20 世纪 80 年代以来，相继又有天津地铁 7.4km、上海地铁 65km 和广州地铁 18.5km 投入商业运营。实践证明，发展城市轨道交通是解决大城市交通问题的必由之路，对拉动城市经济的持续发展，也起到了重大的作用。

进入 21 世纪，我国城市轨道交通建设，将进入快速发展的阶段。据初步统计，目前已有 10 余座城市正在建造地铁或轻轨交通，线路总长度将达 400km 之多。另外还有相当数量的大、中城市，正在着手不同类型轨道交通的建设前期工作。预计在未来的城市发展中，轨道交通的建设速度也将会加快。

众所周知，城市轨道交通系统一旦建成通车，就必须日以继夜地保持系统的安全和高效率运营。因此，各城市在工程项目建成之前，就要着手组建完整的运营管理机构和培训运营管理人才。在城市轨道交通运营管理领域里，除了应具有优质的工程与设备条件外，还需要建立一整套完善的技术保障体系，培训和提高运营管理人员的技术水平和理论知识，建成一支基础理论扎实、技术过硬的管理与维修技术队伍，以确保建成的轨道交通系统达到高效运转、优质服务和安全运营的目标。

为此，组织编写一套适用于现代城市轨道交通系统的运营与维修技术丛书，满足当前不断增长的运营管理机构的组建和日常工作需要，已是迫在眉睫的重要任务。"丛书"可作为培训专业人才所需的教材，也可作为运营管理部门组织运营及设备检修工作的参考书，还可作为设计、科研单位和大、中专院校相应专业师生的教学参考书。

相信该"丛书"能在广泛吸收国内、外同行业技术与管理经验的基础上，结合国内发展和改革的实际需要，为城市轨道交通的运营组织和设备检修业务，提供一套较为完整而系统的参考读物，亦为我国城市轨道交通运营管理的基础理论和实用技术填补空白。

周干峙

周干峙 中国科学院院士、中国工程院院士、原建设部副部长。

前　言

城市轨道交通对改善现代城市交通困扰局面、调整和优化城市区域布局、促进国民经济发展所发挥的作用，已是不容置疑的客观现实。对此，我国的大、中城市决策层已普遍有所共识，也深刻体会到城市轨道交通是衡量城市综合实力的一个重要指标。观念的转变，带来了实际行动的飞跃，从而使我国城市轨道交通的建设发展，面临着一个前所未有的良好机遇。建设项目一个接着一个地落成，策划筹建的计划不断推出，有的大城市还在原定轨道交通总体规划基础上，进行了补充和调整，使轨道交通发展规模成倍增加，大量的轨道交通规划项目正等待着去实施。

众所周知，城市轨道交通是我国城市有史以来最大的公益性交通基础设施，也是城市的百年大计建设项目。因此轨道交通项目一旦建成，就必须保持整个系统日以继夜的正常运营。运营管理及维修保养技术的完善与先进性，将是既有轨道交通系统得以常年安全运营的重要保障。针对当前日益壮大的轨道交通运营队伍的迫切需要，我们组织编写了这套《城市轨道交通运营与维修技术丛书》，以满足市场的需要。

本"丛书"编写原则，是在当前最新一代地铁技术成就的基础上，以上海地铁及广州地铁的模式为依托，结合国内外同行业的先进技术经验，对投入运营的轨道交通项目，应怎样通过科学的运营管理手段，保持不同专业技术系统的可靠性和安全运转，进行了系统的论述。技术装备的可靠性特征与故障和失灵有关，提出其整修和校正措施的可支配性条件，则是合乎逻辑的管理过程。而可支配性则可看作两个相对过程的结果，即恶化过程和保养过程（修复过程）。通过事先拟定的管理程序，使任何一种技术装备及其部件，能达到被再利用的条件，从而抑止由磨损、老化、腐蚀和污染引起的干扰和故障，保持系统的正常安全运转，这是轨道交通运营管理部门共同追求的愿望。我们通过直接和间接的实践经验，将有关资料归纳汇总上升到理论上，在同行业中作一抛砖引玉的尝试，希望能在运营管理与维修领域里，起到一定的作用。

鉴于编写人员技术水平及实践经验的局限性，错误与不足之处在所难免，期待着广大读者和同行，多多提出宝贵意见。

本"丛书"的编写，在建设部科技发展促进中心的主持和指导下，得到上海地铁运营有限公司和广州地铁总公司的大力支持，如期完成了编写任务，在此，谨表示诚挚的感谢！

编　者

目　　录

第一章　运营组织概论

第一节　城市轨道交通的现状与发展 …………………………………… 1
第二节　轨道交通在城市公共交通系统中的功能定位 …………………… 20
第三节　城市轨道交通的运营特性 ………………………………………… 25

第二章　城市轨道交通行车组织

第一节　列车运行图 ………………………………………………………… 40
第二节　行车调度工作 ……………………………………………………… 45
第三节　列车运行组织 ……………………………………………………… 50
第四节　行车规章 …………………………………………………………… 56

第三章　城市轨道交通客运管理

第一节　车站设备设施 ……………………………………………………… 59
第二节　客流组织 …………………………………………………………… 62
第三节　客运服务 …………………………………………………………… 66

第四章　票　务　管　理

第一节　城市轨道交通收费系统 …………………………………………… 70
第二节　自动售检票系统 …………………………………………………… 72
第三节　车票管理 …………………………………………………………… 79
第四节　票制方案选择 ……………………………………………………… 89
第五节　财务结算 …………………………………………………………… 89

第五章　城市轨道交通经济技术指标的分类及计算方法

第一节　城市轨道交通经济指标分析与分类 ……………………………… 94
第二节　运营成本分析与经济效益分析 …………………………………… 103
第三节　经济效益的财务评价 ……………………………………………… 106

第六章　城市轨道交通营销策划

第一节　基本概念 …………………………………………………………… 109
第二节　城市客运市场细分 ………………………………………………… 110
第三节　营销组合 …………………………………………………………… 112

第七章　信息化管理

第一节　信息化管理概念 …………………………………………………… 120
第二节　信息化管理基础 …………………………………………………… 121
第三节　信息资源与运营管理 ……………………………………………… 123

第八章　城市轨道交通车辆的运用及乘务管理

第一节　城市轨道车辆 ……………………………………………………… 128
第二节　车辆段及停车场 …………………………………………………… 130
第三节　车辆运用流程 ……………………………………………………… 131
第四节　车辆运用行车作业方式 …………………………………………… 136
第五节　乘务管理 …………………………………………………………… 146
第六节　列车驾驶安全 ……………………………………………………… 150

第一章 运营组织概论

第一节 城市轨道交通的现状与发展

一、国外城市轨道交通简况

（一）城市轨道交通的发展

城市快速轨道交通发展至今已有百余年的历史。目前世界上已有近百座城市的快速列车日夜不停地在轨道交通网络上奔驰，运送着南来北往的乘客。城市轨道交通已经成为城市生活不可缺少的一部分，同时也鲜明地标志着这个城市已进入了现代化的行列。

1863年，世界第一条地下铁道在英国首都伦敦建成通车，由于其较当时地面交通快速的特点，尽管隧道内烟雾弥漫，仍然受到了市民的热烈欢迎，从此城市快速轨道交通在世界上诞生。

图 1－1 1894 年德国马拉轨道客车

1879年，电力驱动的列车研制成功，大大改善了地下铁道的环境，不仅使乘客和工作人员免受烟熏之苦，也开轨道交通使用无大气污染的二次能源之先河。尽管当时的人们不一定意识到，但它已成为城市轨道交通在随城市不断地发展中，免除了污染环境的顾虑，事实上城市轨道交通从此步入了连续不断的发展时期。

1863~1899年，美国、英国、法国、匈牙利、奥地利等5个国家的7座城市相继修建了地下铁道。电动列车问世以后，伦敦地铁几乎每年都有新的进展。

1900~1924年，欧洲和美洲又有9座城市相继修建了地下铁道，如德国的柏林、西班

1

牙的马德里、美国的费城等。

图1-2 1900年德国的电动有轨电车

1925～1949年，由于第二次世界大战的影响，城市轨道交通建设速度放缓。但由于地下空间对于战火的特殊防护作用，有的处于战争状态中的国家反而加速进行地铁的建设，如日本的东京、大阪和前苏联的莫斯科等。特别是莫斯科，第一条地铁于1935年建成通车，二战期间建设速度反而加快。目前地铁运营网络达251km。据悉二战期间斯大林曾经在地铁车站站台开过大型军事会议。据有关报道在运营线路下方20m层还有长达280余km的军用地铁网络。为了战争准备而修建地铁的指导思想是否由此发端，值得研究。

1950～1974年，24年里城市快速轨道交通蓬勃发展。欧、亚、美洲有30余座城市地铁相继建成通车。

1975～2000年，世界进入了和平发展时期，城市轨道交通技术的发展日趋成熟，在经济发展的基础上城市化进程加快，又有30余座城市建成通车。这一时期亚洲发展更快，有20余座城市开通了地铁。原有地铁城市也逐步发展形成了城市轨道交通的网络。1999年统计资料显示，世界上已有115座城市建成了地下铁道，线路总长度超过了7000km。

城市轨道交通的形式是多样化的，几乎在地下铁道发展的同一时期，在电力驱动的列车问世后，1881年，德国展示了一列3辆电力编组的小功率有轨电车。在它的启示下，1888年，美国里士满市出现了世界第一列商业运行的城市道路有轨电车。

此后有轨电车飞速发展，美国、欧洲、亚洲的许多城市相继开通了有轨电车如图1-2。虽然它行驶在共用的城市道路上，又受路上红绿灯的限制，运行速度很低，但在当时也曾在城市交通中发挥了骨干作用。1908年，我国上海建成投运了全国第一条有轨电车线路。大连、北京、天津、沈阳、哈尔滨、长春、鞍山等城市的有轨电车线路随后也相继开通。

1978 年，国际公共交通联合会（UITP）会议确定了新型有轨电车的统一名称缩写为 LRT，翻译过来就是"轻轨"。所谓新型有轨电车，实际上就是利用现代科技如交流牵引技术、计算机控制技术等，对基于轮轨运行方式的城市有轨电车客运系统，进行一系列相应的改造，提高其安全性和舒适度。因此受到了广大乘客的欢迎。当汽车的发展使人们普遍感到方便而大量使用时，许多城市曾经拆除有轨电车。后来道路的拥塞和尾气的污染迫使城市的管理层寻找新的途径。轨道交通以其快速、安全、准点、大运量、无污染的优越性被世界范围内广大有识之士所认同。因此在地下铁道发展的基础上，造价相对较低的地面新型有轨电车在欧美一些城市道路有条件的情况下重新发展起来。据不完全统计，目前已有 270 余座城市包括一些大城市（如柏林等）均有较大的发展，如图 1－3。

图 1－3　城市轻轨交通

新型有轨电车为适应不同运量的需要有 4 轴、6 轴单绞及 8 轴双绞车等三种基本类型，可单节运行亦可编组运行。低底板车因乘降方便更受乘客欢迎。线路一般铺设在道路地面，或者高架，必要时也可进入地下。运行也有三种情况：和其他车辆混合运行；半封闭运行；路口信号优先；全封闭型。前两类常见于地面，全封闭一般高架。

随着技术的进步及适应不同的需求，近年来又出现了一些新的轨道交通方式：

1985 年加拿大成功地把直线电机驱动技术应用在城市轨道交通上，温哥华一条 22km 的高架直线电机线路投入了商业运营。直线电机又称线性电机，根据传统的电动机原理将转子、定子的半径设计成无限大，转子、定子即相对为平行的平面，将转子和定子平面相对安装在车辆底部和轨道中间，通电之后即可如电动机原理一样驱动车辆在线路上运行。和传统电动车辆相比，线性电机驱动方式具有减轻车辆自重、增大爬坡能力（60% ~ 80%）、减小线路曲线半径（最小 $R = 50m$）等优点。随后日本大阪等地也投运了该系统。

走行方式上，变传统的钢轮－钢轨系统为橡胶－混凝土（或钢板）系统的新交通系统

（简称 AGT），1981 年首先在日本神户建成。目前日本已有 10 余条线路在运行。1983 年，法国里昂也首次建成 AGT 系统，法国人简称为 VAL。上述走行系统的改变最大的优点是减少列车运行的噪声，进一步优化了城市环境，如图 1—4。

图 1—4　胶轮新交通系统

单轨交通系统是指车辆在特制的单轨道梁上运行的新式交通工具。轨道梁不仅是车辆的承重结构，也是车辆运行导向的轨道。它有两种方式：车辆跨座在轨道梁上运行的方式称为跨座式；车辆悬挂在轨道梁上运行的方式称为悬挂式。单轨交通系统的发展也有近百年的历史，但当时主要用于游乐。作为城市交通，由于其本身的局限发展缓慢，直到 20 世纪 60 年代，日本的地面交通已十分拥挤，将目光转向空间。在高架梁上运行的单轨交通因其占地面积小，尤其是在一些不宜改造的狭窄的城市道路上空，有其独特的适应性，且为专用通道，运行安全快速，便逐步发展起来。如图 1—5、图 1—6。

图 1—5　悬挂式单轨交通

图 1-6 跨座式单轨交通

20世纪70年代日本和德国就开始研究磁悬浮列车技术。利用磁性相斥的基本原理，使列车和轨道保持一定的间隙，同时采用线性电机驱动列车。因为摆脱了轮轨系统的速度限制，列车可以高速沿特制的线性电机的轨道运行。根据日、德的试验结果，最高运行速度可达500km/h，理论上甚至可以更高。关键的技术是磁浮，目前研究有低温超导、高温超导和常导磁悬浮技术，在试验线上试验已近成熟。这种运行方式的最大特点是高速，500km/h及以上的速度介于飞机和目前的轮轨高速列车之间，可以填补500～1500km之间的距离—时间带，因而适应于长途客运。用于城市交通，如果点—点间大于30km的客运，如城市团组间、距离较远的机场至城市间或根据当地城市形态自然资源而需提升其旅游功能时，低速常导磁悬浮或可有用武之地，如图1-7。

图 1-7 磁悬浮列车系统

综观上述各类城市轨道交通系统模式，我们发现它们有许多相同或相似之处以及其发展的必然性。

——全部沿用轨道运行。除地面混行的现代有轨电车外均为封闭运行的线路。列车运行不受干扰，但不能超车。

——均为电力牵引（驱动），就连磁悬浮技术也是通过电磁转化得来，因而无废气污染而改善城市环境。驱动由传统的旋转电机转向线性电机，在于减少列车自重、提高运行效率。

——走行系统由钢轮—钢轨而胶轮—混凝土（钢）轨或悬浮运行，其目的是减少噪声干扰和提高运行速度。

——为保证高速追踪运行列车之间的距离，确保列车安全，均设有列车运行位置检测和追踪速度控制系统（专业上称为信号系统）。钢轮—钢轨走行系统情况下可利用钢轨传输信息，胶轮—混凝土（钢）轨系统和磁悬浮列车系统无钢轨可用，需要采用无线定位系统检测列车位置和控制追踪速度。

——城市轨道交通是在电力牵引技术的基础上发展起来的。信息技术的发展为城市轨道交通的自动化提供了极大的空间。通信技术、电力运行技术（SCADA）、列车自动控制技术（ATC）、自动售检票技术（AFC）的应用使得列车自动驾驶、变电所无人值班、车站无人售检票得以实现，大大提高了列车运行的安全，方便了乘客，减少了人员，节约了成本，从而进一步推动了城市轨道交通的加速发展。下表列出了世界城市轨道交通的发展情况：

运营里程超过 100km 的城市轨道交通概况　　　　表 1-1

城市	城市人口（万人）	区域人口（万人）	线路（km）	地下线路（km）	高架线路（km）	地面线路（km）	车站（个）	供电（V）	受流方式
纽约	730	1330	436	253	129	75	501	DC625	三轨
伦敦	670		398	163		235	273	DC600	三轨
巴黎	210	1020	192	177	13.7	1.1	429	DC750	三轨
莫斯科	880		220	184	36		143	DC825	三轨
东京	840	1190	218	174	24	20	206	DC1500	三轨/架空线
芝加哥	300	700	163	18	85	60	143	DC600	三轨
墨西哥	2000		141	103	10	28	125	DC750	两导向杆
柏林	260	438	191	114	3	74	180	DC780/600	三轨
汉城	1020	1350	116	116			102	DC1500	三轨
马德里	320	400	113	105	3	5	137	DC600	架空线
华盛顿	60	300	112	62	10	40	64	DC750	三轨
斯德哥尔摩	60	160	105	62			99	DC650/750	三轨
大阪	260		104	93	11		98	DC750	三轨

（二）城市轨道交通的管理

根据有关资料介绍及考察情况，德国、日本、新加坡、香港等有关城市对城市轨道交通的管理相对具有典型性。这里作简要介绍以供参考。

1. 政府对城市轨道交通的发展和运营十分重视，表现在如下方面：

——政府组织制定城市轨道交通网络规划，并由议会按立法程序确认以保证规划的严肃性。变更亦须同样程序；

——政府设立专门管理机构，对城市轨道交通的建设和运营统一管理。如新加坡政府部门设地铁局。德国法兰克福则由负责能源、交通、水利的一个政府机构管理，慕尼黑、纽伦堡为同一模式。

——城市轨道交通均由政府投资，建成后交由运营公司管理。如新加坡由地铁局组织建成后交由捷运公司按私人公司模式管理。地铁局派员参加由议会成员、知名人士组成的董事会讨论决定重大经营决策。私人公司和政府间形成象征性的租赁关系。法兰克福的交通企业逐步由私人公司向有限责任公司转变。

2. 这些城市对轨道交通的运营均作为公益性企业进行管理，主要表现在对企业的运营亏损进行财政补贴。如柏林 BVG 财政补贴为 50%～55%，法兰克福财政补贴为 45%，纽伦堡补贴 35%，慕尼黑 1996 年补贴 3.4 亿马克。如果说上述城市地铁乘客较少的话，东京地铁乘客是非常之多的，东京高速交通营团获得财政补贴也在 40% 左右。新加坡地铁的经营状况较好，在不提折旧费的情况下运营收入扣除成本之后的余额 60% 留作基金由董事会决定其用途，30% 作为发展费用，交政府的象征性租金等费用不到 3%。而且较大的技术改造如磁卡升级为 IC 卡均为由地铁局出面组织。香港地铁公司是全世界惟一完全按公司运作的企业，并已通过上市筹集资金。但建设费用也是政府投资，初期运营也由政府补贴，从投运到独立运作经历了 10 余年的时间过程。值得指出的是无论是政府补贴还是公司运作，其票价均为普通百姓能够承受的水平，如香港地铁的平均票价相当于月收入水平的 0.1%。柏林的月票价数种城市公共交通工具也只占月收入的 4%。

3. 政府特别是企业都是非常重视城市轨道交通的运行安全。柏林地铁（BVG）将安全分为两个层面即：技术设备的安全和乘客的安全保障。可见技术设备的运行安全是整个地铁安全的基础。为此在采用新设备来提高安全运行保障方面也在不断努力。柏林 9 条地铁线路投运也近百年，信号设备制式落后，20 世纪 90 年代同时进行两条线路（4、9 号）更换信号设备（ATC）的改造，并确定了其他线路的改造计划以使运营安全更有保障。对于历史遗留问题如车辆宽度不统一（2.65m 和 2.35m）引起大车、小车和不同线路限界的矛盾等容易引发事故的问题也在规划逐步进行统一规格的改造。他们非常重视对司机等操作人员及检修人员的培训，认为认真负责的具有熟练技术的操作和检修人员是设备安全运行的可靠保证。在培训中既注意采用新的技术（如司机和调度人员等岗位的模拟培训设备），又很重视人员的经验，如要求调度员必须具备司机和车站值班员的资格并有一定的岗位工作经历。香港、新加坡地铁建设于 20 世纪 70 年代，技术起点比较高，如 ATC 信号、售检票系统均已采用。对于乘客的安全保障问题，他们认为应该从乘客和公司两方面共同努力，对乘客要加强宣传，利用各种媒体宣传乘客安全注意事项，发放乘客安全联系卡，公布联系电话，利用各种有效方式加强和乘客的联系。

4. 把为乘客服务作为企业的生命线，不惜人力物力提高服务水平。欧洲的轨道交通发展较早，所以各城市均有国铁早期建设经营的以干线火车站（大城市不止一个）为中心辐射的短程（市郊）铁路，随着城市的发展也就成为城市轨道交通的组成部分，如柏林的 S

（联邦铁路经营的城市轨道交通）。它和 U（BVG 经营的地铁）共同担负着城市交通的任务。这些城市还有其他种类的公共交通工具在运营，如有轨电车、公共汽车、出租车等。上述城市公共交通工具都为乘客出行提供方便，而乘客出行一次可能需连续选乘两种以上的交通工具。为使乘客在出行过程中减少购票、换乘等方面的手续和时间以尽快完成出行，柏林等德国城市的公共交通企业包括城郊的长途客车经营者组成联合体（汉堡有意将此联合体向企业过渡），统一各种交通工具的车票，其发行的周票、半月票等在联合体内的交通工具中通用一票到底。同时协调各种交通工具的换乘点、时刻表、运行线路，做到短换乘距离、短候车时间、大覆盖面积，大大地方便了乘客。该联合体的工作：

——在客流调查统计的基础上，提供更加合理的各交通工具的运行线路、计划、换乘、时刻表。

——统一票价体系，并不断完善。

——各种交通工具的运营数据统计及运营收入分配。

——公共广告业的统一管理。

——计算并分配各有关企业的盈利或亏损。

——各企业间关系的协调。

——有关信息的交流。

莱茵—鲁尔交通联合体甚至联合多个市镇，形成一个东起多特蒙德西至德国边境的覆盖，直径 200km 地区的欧洲最大的一个联合体。更加让人称道的是从外地乘高速列车（ICE）到法兰克福转机，下车后在原站台等候约 5min 就可换乘地铁直达机场。速度之快，安排之周到，让人感到这些交通企业均有一个统一的目标——为乘客服务。实际上他们无微不至地为乘客服务就是要吸引乘客更多地乘坐城市轨道交通。他们甚至提出一个口号：吸引私人汽车所有者更多地使用轨道交通以减少对环境的污染。有的企业在日常工作中将企业服务系统图表一反原来的金字塔的形状，画成倒金字塔形（如图 1－8），以使"乘客至上"的观念，通过日常工作的长期积淀，潜移默化，深入人心。

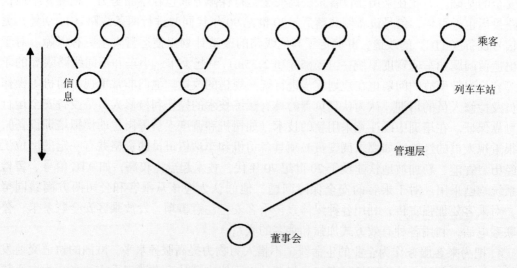

图 1－8　企业服务系统

香港、新加坡、东京的城市轨道交通则通过新技术的运用来提高服务质量,方便乘客。售检票系统较早地通过 AFC 系统实现了自动化、无人化,继而随技术的发展由磁卡系统升级为智能(IC)卡系统,并且和银行及其他城市公共交通联网实现了金融、交通、消费"一卡通"。同时在换乘方面采取平面、立体等方式,协调时刻表等手段缩短换乘距离,减少换乘时间。上述措施均在"城市公共交通一体化"的口号下,不断地发展完善。

5. 从城市轨道交通的建设和运营管理模式看:香港已发展到企业负责融资,自行建设,自行运营的一体化滚动发展模式(初期也是政府投资)。东京由两个公司参与,一个是私营公司,而高速交通营团仍然是政府投资建设,营团只负责运营。而新加坡和德国几个城市的城市轨道交通均为政府投资建设,公司负责运营。

6. 从城市公共交通运营管理来考察,也是各不相同。香港、新加坡和东京企业均单独管理城市轨道交通,而柏林等几个德国城市,地铁、有轨电车、公共汽车均由一个公司进行运营管理。无论单独管理城市轨道交通还是城市公共交通统一管理,企业的内部结构均为事业部制。这种体制的优点是层次少,信息传递快,反应迅速,效率高。而这些正是城市轨道交通运营管理所需要的。内部管理的另外一个特点,也是伴随着事业部体制而生的是行政系统和技术系统合一,线条单一。无论运行和检修,在某某部下按工作门类由高级工程师——工程师——技术员——工作人员单线负责,包括行政、技术、质量、工期等等。这就要求高级工程师等各级管理人员,在具有一定权力的情况下,有较高的管理、技术、决策等多方面的能力和素质。当然也有一套比较完善的激励和监督的机制,因此才能保证运行技术复杂的城市轨道交通高效率地运营。

尽管在经济上有财政补贴,但企业的内部管理仍然十分重视经济效益。"安全第一"的运行要求和"乘客至上"的服务理念,实际上也是为了吸引乘客和提高经济效益服务的。在技术发展的今天,计算机的实际应用在各部门都十分普及,就行车组织而言,在运行图的编制、行车指挥、运行故障显示、包括事故抢修等在内的信息传递和指令下达,均采用了计算机网络系统。对乘客的服务也通过该系统将列车运行的有关信息及时显示给站台及车内的乘客。这就要求从事城市轨道交通运营事业的员工均具有较高的技术能力。

二、国内城市轨道交通简况

我国建设城市轨道交通始于北京地铁 1 号线。20 世纪 60 年代中期开工,70 年代初正式投入运营。当时全部采用国产设备,借鉴前苏联技术标准设计。改革开放后,上海地铁 1 号线主要利用德国政府贷款建设,车辆设备均由国外引进,其设备车辆主要采用德国标准。

"地铁"原为地下铁道的简称。一条穿过城市中心区的城市轨道交通线路主要在市中心区地下运行,习惯称为地下铁道(简称地铁),如北京地铁等。根据城市的形态的不同和发展的需要,一条城市轨道交通线路可能主要在地下,也可能主要在地面、或高架。如何称谓?业内人士应该科学地理解。

根据我国现行的标准如"城市快速轨道交通工程项目建设标准",划分"地铁、轻轨"等简单称谓的城市轨道交通,主要依据的是该线路远期的单向客运能力,而不是看其主要处在地下、地面或高架。而相应的视觉判断则可以采用车辆的大小粗略地判定。现行规定:

Ⅰ.高运量——单向运能 5~7 万人次/h、车辆 A 型，地铁；

Ⅱ.大运量——单向运能 3~5 万人次/h、车辆 B 型或（A 型），地铁；

Ⅲ.中运量——单向运能 1~3 万人次/h、车辆 C 型或（B 型），轻轨；

A 型车——长 22（24）m、宽 2.8m、4 轴；

B 型车——长 19m、宽 2.8m、4 轴；

C 型车——长 18.9m、宽 2.8m、4 轴（单车）；

　　　　　长 22.3m、宽 2.6m、6 轴（铰接）；

　　　　　长 29.5m、宽 2.6m、8 轴（铰接）；

对比之下：北京、天津地铁使用的车辆为 B 型车；

　　　　　上海、广州地铁使用的车辆为 A 型车；

莘—闵轻轨使用的是上海阿尔斯通组装的 SHANGHAI TRAM 车辆，属 C 型，4 轴车；

大连电车公司车辆厂生产的 6 轴铰接车则使用在大连有轨电车线路上。

（一）已运营的城市

1. 北京

以地下铁道为标志的大运量、高速度的城市轨道交通在我国首先是从北京开始建成通车的。北京地铁 1 号线东起北京火车站，沿前三门大街转复兴门外大街西行直到终点站——苹果园站，全长 23.6km，1969 年通车。1984 年第二条地铁即北京环线全长 19.9km 建成通车。两条线共长 43.5km、车站 29 座，日客运量 146 万人次，占公交客运量的 15%。

2000 年 6 月，第三线复兴门至八王坟的地铁建成通车，全长 13.5km。2002 年北京东直门—西直门的城市铁路建成通车，其长度为 40km，如图 1 - 9。至此，北京地铁运营线路长度为 97km。

除城市铁路外，北京地铁三条线均为地下线路，其钢轨采用 50kg/m 轨，供电制式为 DC750V 三轨受电，车辆为 1999 年建设部批准的"城市快速交通工程项目建设标准"（以下简称建设标准）中的 B 型车，耐候钢车体、凸轮变阻调速牵引（复八线以后为引进 VVVF 交流牵引）。信号系统原为铁路自动闭塞人工驾驶模式，后引进改造为 ATC 系统，环线开始采用自行设计安装的 CTC + 移频轨道电路 + ATP 系统。售检票目前仍采用人工售检票制式，采用单一票价制，并发行本月票和公交通用。

北京地铁的运营和建设由北京地铁总公司统一管理。2001 年改为北京地铁集团，下设运营、建设两公司，分别进行地铁运营和地铁新线建设的管理。

2. 天津

天津地铁第一条线利用人防设施于 20 世纪 80 年代借鉴北京地铁模式建成通车。全长 7.4km，设车站 6 座，技术标准和北京相同。日客运量约 3 万人次。2001 年该线停止运营，和新建的 1 号线建设同期进行改造中。新建的天津地铁 1 号线，全长 26.188km，设车站 22 座，预计将于 2005 年 12 月建成通车。

3. 上海

上海地铁 1 号线北起火车站经人民广场、淮海中路、衡山路、漕溪路到终点站虹梅路，于 1995 年 4 月通车，全长 16.1km。1997 年 7 月 1 日南延伸线通车，从火车站至莘庄，使 1 号线全长增加到 21km，全线设车站 16 座，如图 1 - 10（a）。2000 年 6 月 1 日上海地铁 2 号线建成通车，从中山公园站至浦东张江高科园区，全长 19km，设车站 13 座。2000 年底上海地铁 3 号线（又称明珠线）建成通车，该线利用已完成历史任务的淞沪铁路及铁路内环旧址进行建设，全长 25km，设车站 19 座，如图 1 – 10（b）。至此，上海地铁三条线投入运行，运营里程达 65km，共设车站 48 座，日客运量 100 万人次。2003 年莘庄—闵行轻轨线建成后，投运长度 17km，车站 11 座。

图 1 – 9　北京城铁列车

　　上海地铁地下、地面及高架的形式都有：1 号线南段 5 个车站及相应区间设在地面，2 号线南段一站一区间为高架形式，其他车站线路在地下，3 号线设两座地面站其他均为高架形式。钢轨均为 60kg/m 耐磨轨。供电均采用 DC1500V 接触网制式。车辆为"建设标准"中规定的 A 型车，铝合金车体，斩波调压直流（1 号线）及 VVVF 交流牵引（2 号线、3 号线）。信号制式均为 ATC、自动驾驶，1 号线为模拟系统，2、3 号线为数字系统。售检票为 AFC 自动化制式，计程票价制，单程票用磁卡，储值计程票有磁卡和 IC 卡两种制式，其中 IC 卡和公交、轮渡、出租车通用。

　　上海地铁的运营和建设从 1 号线投运开始，由上海地铁总公司统一管理。2000 年原上海地铁总公司进行改组，运营和建设由新组成的上海地铁运营有限公司和上海地铁建设有限公司单独管理。

　　由于 IC 储值卡为地铁、公交、轮渡、出租车等交通方式所通用，因此 1999 年成立的上海东方卡有限公司负责发行 IC 储值卡，并对地铁、公交、轮渡、出租车各公司的票款按日结算。

上海地铁是由代表政府的投资公司出资（贷款）修建的，建成后的固定资产归投资公司所有，故地铁运营公司的经费是按运营实际和投资公司的资本摊销来结算年度费用的。

（a）

（b）

图 1-10　上海地铁
（a）上海地铁列车运行；（b）上海地铁明珠线列车运行

4.广州

广州地铁1号线从西朗站北上穿越珠江在公园前向东穿过市中心转向北至终点站广州东站。全长18.5km,设车站16个。1999年6月28日正式通车。2000年日客运量平均为17.4万人次。2003年2号线首段(长约10km,车站9座)将投入运行。

广州地铁1号线除南段两站及相应线路设在地面外,其余均为地下线路。线路采用60kg/m钢轨。供电为DC1500V接触网制式。车辆为A型车、铝合金车体、VVVF交流牵引。信号采用数字式ATC系统列车自动驾驶。售检票为AFC自动化系统,计程票价制,储值票和单程票均采用磁卡。最近结合2号线的设计,准备将1号线AFC系统包括储值、单程票全部进行IC卡系统的改造,为城市交通"一卡通"创造条件,更好地为乘客服务。

广州地铁的运营和建设均由广州地铁总公司统一管理,如图1-11。

图1-11 广州2号线车辆

(二) 正在发展的城市

立足于更加顺畅地组织城市公共客运交通,考虑到减少环境污染并为城市的健康发展奠定良好的基础,国际上已经明确将轨道交通作为城市公共交通发展的重点。已经投入运营的115座城市的7000余公里轨道交通,发展的高峰在20世纪70~90年代,而亚洲的城市轨道交通建设的高峰从70年代后期开始至今,方兴未艾。这一趋势也正好与有关地区及城市的经济发展趋势相吻合。

如果说20世纪60年代北京建设地铁有相当的"战备"思想基础,那么从80年代开始建设的上海、广州地铁则已经将其作为城市公共交通的主要工具和提高城市形象的现代化标志来对待了。90 年代以来，我国近 30 座城市纷纷提出建设城市轨道交通的计划，已有近 20 余座城市在城市总体规划的基础上，作出了轨道交通网络规划。这已经清楚地表明，具有快速、安全、准时的特点和大运量、无污染优越性的轨道交通，作为城市公共交通的主要发展方向已被广泛地认同。

和世界城市轨道交通发展的趋势和规律一样，我国城市轨道交通的发展，也是在经济发展的基础上，面临城市交通的压力，在寻求更好地城市发展道路时作出的明智抉择。

改革开放 20 余年来，我国城市经济取得了长足的进步，各大城市在具备了一定的经济实力的同时均受到了城市交通的困扰。

首先是城市化的进程加快，预计到 21 世纪初我国城市化的水平将由目前的 30%，发展到 60% 以上。城市化的进程导致农村人口迅速向城市集中。改革开放初期，我国百万人口以上的大城市只有 28 座，目前已发展到 36 座，而且发展趋势正在加快。

城市化的发展必然导致土地开发利用面积的扩大。向城市周围扩展无论是渐进的还是组团式跳跃的，均导致城市交通距离的加长。

城市化的发展建设加大了对劳动力的需求，除稳定工作的常住人口稳步上升外，劳动密集型的建筑、服务业的劳动需求急剧增加，必然使暂住人口迅猛增长，我国东南沿海大城市流动人口常年均在百万人以上乃至数百万人。

伴随城市化的经济增长，人口增长和交通距离加长使城市交通需求猛增，全国城市机动车增长率为 15% ~ 30%。而面对着小汽车进入家庭（目前北京市家庭轿车拥有量已超过 100 万辆），城市机动车的增长将进一步加速。

其次是相对于高速增长的机动车数量和城市交通需求，城市道路基础设施建设滞后，近 10 余年来全国城市道路年均增长率只有 12%，一些城市老城区道路建设难度很大，平均年增长率只有 7.2%。在没有建设轨道交通的城市，只有靠地面交通，能力远远不能满足要求。

就地面交通而言配置也不尽合理。"公交优先"的措施很难到位，公交车辆运行速度下降，从 25 ~ 30km/h 下降到 10km/h 左右，公交拥挤程度增加。市民转而寻求个人交通方式导致自行车、摩托车畸形发展，反过来占用路面（包括空间和时间），高峰时降低了道路面积利用率，使路面交通更加拥挤不堪。与机动车运行速度减慢同时发生的是运行时间的增加，启动次数频繁从而增加了废气排放量，加重了城市空气污染。

经济发展不容减慢，城市化仍在加速，城市交通需求剧增和供应不足的矛盾必须解决。那么最佳方式就是加快发展城市快速轨道交通。尽管轨道交通造价高、投资巨大，但它带来的城市客流高速周转，减少城市空气污染，带动城市产业发展的种种社会、经济效益，从长远看都是有着非常大的优势，况且经过 20 年改革开放发展，不少城市已经具备相当的经济实力。目光远大的领导层，不仅将城市轨道交通发展作为解决城市交通拥挤的手段，已经在规划中的新的城市发展带率先布置建设城市轨道交通的线路，以此来拉动城市化的进程了。由此可见轨道交通已经成为城市可持续发展的交通手段的主要选择。

1. 北京

在已投入运行的 96km 的基础上，编制了轨道交通网络规划，共计 20 条线，1000 余 km。其中：1 号线向东八王坟至通县已经开始建设，使 1 号线从苹果园到通县全长达

50km，共计车站 34 座。同期动工兴建的还有：

5 号线：北苑至宋家庄（东单南北线）长 27.5km、23 站；

4 号线：回龙观至十里河（西单南北线），长 32.5km、26 站；

这些线路建成后，北京的城市交通运营里程将达到 166km。

2. 天津

规划轨道交通网络由 7 条线组成，总长约为 107km。原运营的 7km 在新规划的 1 号线中，因规模小、标准低和规划不匹配已停止运营，与即将开工的 1 号线同期改造。另外一条滨海线已经在建设之中，这是一条属于拉动城市发展的线路，由开发区投资兴建并运营，全长 46km。

3. 上海

规划中的轨道交通网络共 17 条线，全长约 780km，网络覆盖全上海市，其中城市快线 4 条，地铁 8 条，轻轨 5 条。主要连接城市中心区、周围次中心和组团。除已经投入运营的三条（部分）线 65km 外，目前已经开工建设的有：

1 号线北延伸线：12km、9 站；

4 号线（明珠线二期与一期组环）：22km、17 站；

上海磁悬浮运营示范线：30km、2 站；

即将开工的还有：M8 线、2 号线西延伸、3 号线（明珠线）北延伸、M7 线一期、R4 线一期、L4 线一期；

从 2000 年开始，上海以每年 30～40km 的速度进行建设，到"十五"期末运营里程将近 250km。

4. 广州

规划包括地铁轻轨在内的 7 条线组成的网络，总长度 206.5km。目前正在建设中的有：

2 号线：江夏至笆洲，23.2km、20 站；

3 号线：天河客运站广州东站至番禺南华路，34.7km、18 站；

以上项目建成后，广州城市轨道交通通车里程将达到 76.4km。

5. 南京

城市轨道交通网络规划已经形成，共 10 条线，总共长度为 300km 左右。目前南北向 1 号线经国家批准已经开工建设。该线南起小行北至长江边的新生圩，开工建设的小行至迈皋桥站全长 16.8km，设车站 13 座。东西向并和 1 号线在新街口站交汇的 2 号线已开始前期工作。该线东起亚东，西至滨江路，全长 25.4km，设车站 21 座。

6. 深圳

城市轨道交通网络规划由 6 条线组成，线路总长约为 153km。正在建设中的地铁线路和香港口岸接驳，由 1 号线东段和 4 号线南段交叉组成，全长约 14.8km，设车站 14 座。

7. 重庆

重庆市的轨道交通网络规划由 15 条线路组成。总长约 210km。近期准备安排建设 3 条线。已经在建的是校场口经临江门等站至新山村站的校—新线，全长 17.4km，设车站 17 座。重庆素有山城之称，市内坡度较多且大，因此该线选用的是跨座式单轨高架客运系统，该系统为复合梁橡胶轮，允许坡度较大。从其单向高峰小时断面客流量不足 3 万人次比较，属于轻轨范畴。

8. 大连

城市轨道交通网络规划由 5 条线组成，总长约 76km。目前高科技园至沙河口的城市电车实验线路及其延伸线正在建设中，全长 12.5km，设车站 14 座。该线由原在街道行驶的有轨电车线路改造建设，延伸段有部分高架。采用自己制造的 VVVF 交流牵引 6 轴绞接车。

在建的还有一条从市区边缘的香炉礁沿海岸线北上，通过拟建的新市区、新港区、开发区、保税区、双口港至金石滩旅游区的 3 号线。该线全长 46km，设计车站 10 座。该线属于典型的拉动城市发展的前瞻性规划布局线路。

9. 青岛

青岛市的轨道交通网络规划由 4 线 1 环组成，线路总长约 114km。目前建设中的是由西镇起至胜利桥止的 1 号线一期工程，设计线路长度 16.43km，设车站 13 座。

10. 武汉

规划城市轨道交通网络由 6 条线路组成，总长度约为 160km。网络的基本格局呈环形加放射形，贯穿长江江水、联络武汉三镇形成市区公共交通骨干。目前已开工建设的是自宗关至黄浦止的 1 号线一期工程，全长约 11km，设车站 9 座。该线线路利用了原京广铁路改线而闲置的，通过市区的部分线路空间。

11. 成都

成都市最近规划了由 5 条线组成的从不同方向和经路贯穿市区，并在市区内形成通过换乘连接的环状走廊式的城市轨道交通网络，网络线路总长约 126km。准备建设的是 1 号线一期工程，从火车站北的红花堰起经火车站南下沿人民路经天府广场、火车站至将成为行政中心的世纪广场。全长 15.5km，设车站 13 座。

12. 长春

城市轨道交通网络规划由 4 条线路组成，总长约为 86km。已经开工建设的是环线一期工程，全长 14.6km，设车站 17 座（2002 年已投入试运行）。

13. 鞍山

城市轨道交通网络初步规划 3 条线路，总长约为 72km。

14. 沈阳

初步设计规划网络约 150 余公里。

15. 苏州

目前规划网络线路长度约 46km。

上述 15 座城市编制的轨道交通网络规划线路相加，总里程近 3000km，有些城市的规划还是初步的，有待修订。香港、台北的城市轨道交通未统计在内，目前全国已投入运营的线路近 220km，在建的线路超过 500km。运营线路和建设线路相加，占上述规划线路总长不足 20%。

另外哈尔滨、杭州、西安、济南、郑州、兰州、昆明、贵阳、乌鲁木齐等省会城市都在积极地规划本市的城市轨道交通网络。

如果 15 个城市的地铁建设平均按 5～15km/年的速度建成通车，那么完成规划中的线路需要 20～40 年。20 世纪 90 年代是我国城市轨道交通兴起建设的年代，至 2000 年上海、广州、北京三座城市共建成约 100km。此外多座城市相当的前期工作，其成果到 21 世纪初才能实现。可见当前一个时期正是我国城市轨道交通快速发展的时期。可以预见，21 世纪开始，我国的城市轨道交通将在促进我国相关产业的增长、通畅城市的市内交通、拉动有关城市的发展、提供城市的就业岗位等方面作出日益巨大的贡献，成为我国可持续发展的一条新型的产业——就业链。

三、城市轨道交通的技术发展

（一）技术发展概况

随着城市轨道交通的面世，其技术发展至今也已经经历了 100 余年了。城市轨道交通技术的发展也是在世界工业技术广泛发展的基础上，以相应的节奏进行着。早年的轨道马车应该是城市轨道交通的雏形。蒸汽机将世界带入了机械时代，以蒸汽为牵引动力的机车车辆 1863 年就行驶在英国伦敦的地下轨道上。首次点亮的电灯标志着世界进入了电气时代，电力驱动车辆的出现使城市轨道交通在 19 世纪末 20 世纪初得到了广泛的发展。1908 年上海的街头行驶着中国第一辆有轨电车，是从英国进口的。1969 年北京地铁 1 号线建成，车辆设备全部国产，就其技术而言应该属于电气时代。以微电子为基础的信息时代的到来也推动了城市轨道交通技术的飞跃，车辆、信号、通信、供电及环控技术无不受信息技术的推动而发展到一个更高的层次。上海地铁 1、2 号线，广州地铁 1 号线引进的上述各项设备、车辆的技术，均达到了 20 世纪 90 年代国际技术水平。同时值得指出的是，技术的发展还使传统的钢轮—钢轨的城市轨道交通形式朝着多样化方向发展，在不断提高技术水平的基础上适应不同情况对轨道交通的需求。

（二）主要技术的发展

1. 车辆技术

车体材料及结构，一般的车体主要采用碳素钢或耐候钢，制造工艺技术（铆、焊）成熟，价格较低。但其重量大、耐腐蚀性能差。随着大型铝合金型材加工技术（挤压成型、焊接）的成熟，铝合金及不锈钢车体逐步被采用。尽管其价格相对较高，但其重量轻，可以减少车体自重，增加载重量；耐腐蚀，可以延长车辆的使用寿命，减少大量的日常维护保养工作，节约土建结构工程造价，长期运营中节省能耗等，这些优点使得车辆整体技术水平得以提高而被采用。上海、广州 20 世纪 90 年代引进的车辆均采用了铝合金车体。

早期的车辆大都采用直流牵引技术，牵引控制系统主要采用凸轮变阻方式，这种方式运行多年，也比较可靠，但因车辆起停频繁，能耗较大，车辆运行平稳性能较差，且在隧道内长期运行引起温升。

为了实现牵引电机的无级调速，确保车辆平稳起、停，20 世纪 60 年代，在大功率半导体晶体管发展的基础上采用晶闸管，实现了斩波调压技术的应用，继而又以 GTO（可控硅元件）代替晶闸管，提高了斩波频率，达到了无级调速，同时又减轻了设备的体积和重量，大大减少了维护工作量。

20 世纪 90 年代初，"VVVF"交流牵引技术逐渐被采用，利用变压变频技术将直流电源转换成为不同电压不同频率的三相电流驱动作为牵引电机的三相异步电动机。异步电机体积重量小，结构简单，故障较少，便于维修。因此，是今后城市轨道交通牵引技术发展的方向。

20世纪60年代建设的北京地铁，车辆属于直流凸轮变阻型；80年代后期决定引进的上海地铁1号线车辆属于直流斩波控制技术。

20世纪90年代引进的广州地铁1号线、上海地铁2号线车辆属于VVVF交流牵引型，后续各城市地铁车辆合同如上海地铁3号线，广州2号线等均为VVVF交流牵引型。大连电车厂为城市电车设计制造了3部6轴铰接车，第3部也是VVVF交流牵引。

车辆的控制早期基于机电、电磁技术基础，司机通过人工驾驶操纵器和制动阀对列车进行加减速和停车制动的控制，并从速度表监视列车运行速度，根据地面色灯信号显示决定到站停车和启动发车。从某种意义上讲，这时司机的技术熟练程度和经验的积累，决定了列车运行的质量，而一列车的运行质量（如晚点、故障停车、停运），又影响了全线的运营秩序，甚至波及线网的正常运行。

计算机技术的应用使得列车的驾驶显得比较轻松，启动、加速、减速、停车集中属一个手柄，显示屏不仅有列车运行速度，还有通过列车自诊断系统显示列车技术状态和故障类型，以便司机判断。特别是自动驾驶技术的应用，使列车实现了自动驾驶。加拿大的一条轻轨和巴黎14号线已经实现无人驾驶运营数年。

城市轨道交通列车的自动驾驶是在原有的人工驾驶并根据地面信号行车的技术基础上，将地面信号系统和列车控制技术相结合进行综合研究的成果，它的技术基础同样是计算机的应用和发展。

2. 通信、信号技术

轨道是供列车行驶专用通道，根据速度和重量，一列车前后相当距离内，只允许该列车运行。早期以车站来分割，列车开以前车站人员和前方站办理手续（如通过电话），确认站间无其他列车后，取得车站给出的凭证（如路牌、路灯、路票），即可取得前一区间的占用权，再确认出站信号（色灯、臂板）开放才能开车。列车进入前方站前必须确认进站信号开放，进站停车后将取得的凭证交付该站，表示交出已驶过区间的占用权。继续向前行驶必须办理同样的手续。当然每站办理手续需要一定的时间，这就降低了效率，但是这种人工的手续在当时对于列车运行的安全都是非常重要的，这也是初期轨道交通血的教训的积累，不得已而为之。

随着技术的进步，轨道交通的信号技术在不断发展，车站电气集中，区间自动闭塞代表了机电时代的水平。微机连锁ATC系统则是信息时代的产物。ATC技术包括了列车追踪运行的自动保护，它允许一区间有两列以上的车辆运行，通过列车运行信息传递来控制后续列车的速度以避免列车追尾相撞（ATP子系统）。车载自动驾驶系统将得到的信息传向列车控制系统，使其按信息要求控制列车运行（ATO系统），各列车、车站的列车运行，车站经路信息由中央计算机来接收处理分配，按设定的列车运行图指挥列车自动运行（ATS子系统）和相关车站进路的自动排列。

上海地铁1号线引进的是基于模拟技术的ATC，广州地铁1号线、上海地铁2号线均引进基于数字技术的ATC系统，北京地铁1号线则在20世纪70年代的自动闭塞的基础上进行了ATC信号系统的改造。ATC系统可以使行车间隔缩短到两分钟，香港地铁已经做到了105秒。ATC的信息传递是用钢轨进行的，因此它适用于钢轮钢轨的轨道交通模式。

突破了钢轮钢轨模式的胶轮混凝土梁及磁悬浮列车等轨道交通模式已经无钢轨可用，

其信号的传输方式只有另辟途径了。

在轨道交通初期，两车站之间线路空闲确认就是利用地面电话通话确认的，称为"电话闭塞"，列车运行安全需要调度直接和司机通话，因此，无线通信技术的发展成了无线列车调度电话在轨道交通中的广泛应用。在无线通信技术日臻成熟的今天，基于无线通信技术的列车"移动闭塞"系统在国外已有比较快速的发展，它不占用钢轨，利用基站和列车间的行车信息交换来实现调度对行车系统的自动化指挥，可以做到保证安全的前提下，提高运输效率，据有关资料，列车自动运行间隔可以达到100秒以下。该系统无论有无钢轨均可应用，这在国外已有先例。上海引进的磁悬浮列车行车指挥系统也具有该系统功能。

实际上，通信系统也是轨道交通不可缺少的一个技术系统。计算机和光纤传输技术的发展使得程控交换机和光缆被普遍应用，通信传输的能力和可靠性有了一个飞跃的进步。在轨道交通系统中，各专业技术设备均要依靠通信和计算机技术，才能充分发挥自动化带来的高效率。行车指挥系统除无线列调和"移动闭塞"外，如供电系统、环控、消防系统、自动售检票系统以及乘客服务自动显示系统等，这些自动化系统均需将分布在全线（网）许多站点的有关信息收集、处理和交换才能完成轨道交通的集中统一指挥。而这些系统的信息通道均由通信系统的光、电缆及相关设备承担。

3. 供电技术

供电系统是轨道交通的能源供给系统，地位十分重要。其技术的发展也十分迅速，变压器从油浸式逐步发展为体积小、重量轻、性能优的一体环氧浇铸干式变压器；保护系统从继电器保护发展到微机保护；控制系统从以调度电话下达调度操作命令，人工操作逐步采用了系统遥控、遥信、遥调等远动系统控制（SCADA），从而简化了操作程序。由中央直接监控系统内多处设备，数十（百）个被控对象，保证了控制过程的快速、准确、安全，特别在设备故障情况下，可以准确判断故障范围，加快故障处理速度，而这些对于保证列车的正常运行都是非常重要的。

接触网及第三轨，是供电系统中惟一没有备用的沿线不间断使用的供电设备，它的故障会立即造成行车中断，因而特别重要。三轨是钢性的，故障几乎为零，而柔性接触网悬挂在列车上空，其性能靠张力来维持，安全性能比三轨稍显逊色。最近根据国外的运行经验，将采用钢性接触悬挂，使其在保证高压（1500V）传输优越性的同时，其安全性能也能和三轨供电方式媲美。

4. 售检票技术

20世纪80年代前，我国交通行业售票、检票几乎全部由人工操作。随着电子技术的发展，各交通行业纷纷采用电子技术代替人工进行售检票作业。在城市轨道交通中，这种属于企业服务和管理范畴的电子技术是和运行同时采用的。上海、广州1号线于20世纪90年代开通后均使用了自动售检票系统（AFC），方便了乘客，保证了畅通，提高了服务质量，因储值票还有储值功能，简化了乘客购票手续，受到了普遍的欢迎。

各站售检票等设备均与中央计算机联网，使计程票价制式得以采用，使乘客付费较为合理，还能设计出老人、学生等各种优惠票价，可适时调整因而利于吸引客流。对客运管理而言，客流的统计更加及时、方便、准确，包括线路之间的换乘客流，高峰小时客流，站间"OD"资料等。大大地简化了客运统计工作，并使适应客流需求的决策更加准确、及时。

自动售检票系统以磁卡或者 IC 卡（智能）卡作为车票，磁卡作为单程票，IC 卡主要作为储值票。为方便乘客，许多城市在推行"一卡通"，即市民持有一卡通、"IC"卡，乘坐市内地铁、公共汽车等交通工具均可使用该卡付费，有的城市还将其和金融机构的系统相连，可持卡进行金融活动及各种消费的付费。随着 IC 卡技术的发展，其成本减低到可以接受的范围，单程票亦可使用 IC 卡，届时自动售检票设备则可进一步简化，使用更加可靠，建设和维修费用还可降低。

第二节　轨道交通在城市公共交通系统中的功能定位

一、客运交通的概念

随着国民经济的发展，城市规模在不断扩大，一些城市利用当地的环境地形发展新市区或建设组团式卫星城。一些地区如长江三角洲、珠江三角洲、京津塘等等地区，城市数目越来越多，规模越来越大。随着西部开发，全国城市均会迅速发展。因此，无论是城市内或城际间的客运交通需求将会越来越大。城际间的客运交通主要使用航空、铁路、长途汽车等。为了使城际间客流顺畅，许多城市均正在或考虑建设不止一个机场、火车站和长途汽车站，两个以上的机场和车站均会考虑不同方向的分工，要求中转客流迅速疏散是必然的趋势。数量更大的城际交通特别是火车站集中到达的客流，需要大容量的市内交通工具加以迅速疏散，当然还有出发客流的及时输送。这都是市内公共交通的任务。这一情况在一些国际大城市已成为现实，如东京、莫斯科、纽约、柏林等。所以说这一趋势将很快在我国特大城市出现并迅速向其他城市发展。

城市公共交通的主要任务是迅速而顺畅地输送城市客流。作为承担这一任务的公交企业必须对输送对象的特点及其变化有足够的了解，一般说来市内常住人口的上下班客流、车站机场的集中到达客流、节假日及大型活动的集中客流、流动人口集中进出城市的客流等都是城市公共交通输送的重点对象，特别是在市内及城际交通因故阻塞时，就要更加关注。因此，无论从交通衔接、能力配置、运行组织、客流疏散等各方面，城市公共交通均应将城际、市内交通一体化系统加以考虑。实际上，城市公交确实是全国大交通网络中的一个重要的枢纽性的环节。

一个城市公共交通方式多种多样，其特点能力各异，如何组织配置才能发挥各种交通方式之长，从而既适应不同的市场需求又达到能力合理配置的目的是值得研究的。

首先是城市的形态、中心、副中心、组团的分布及它们之间的距离，主要客运走廊及客流集散点等，它们都是生成客运市场的主要因素。老城区是由历史形成的，可以在发展中逐步改造，新城区则是根据城市的经济、文化、旅游等规划逐步发展形成的。在城市总体发展规划指导下，考虑城市发展形态、考虑市内及城际客流的时间、空间等方面的规律和特点、考虑各种公共交通方式的特征和它们的能力，在规划城市发展的同时，规划各种城市公共交通的发展是十分重要的。

在城市公共交通方式中，首选地面交通包括公共汽车、无轨电车以及城市有轨电车等。其投资较小，站距小而灵活性比较大，可以随城市的发展而开辟新的线路，但其客运量比较小，由于受地面交叉路口的信号限制及地面道路通畅程度的影响，行驶速度比较低。城市轨道交通包括地铁和轻轨，其客运量大、速度快。但因其均为专运通道而大部设置在地下（特别是城市中心区）或高架因而投资比较高。

就容量而言：地面公交单向小时断面流量 0.6~1.0 万人次/h；

轻轨单向小时断面流量 1~3 万人次/h；

地铁单向小时断面流量 3~7 万人次/h。

就旅行速度而言：地面公交 10~25km/h；

轻轨地铁 30~40km/h；

快速轨道 50~60km/h。

二、城市轨道交通的特点和功能定位

城市轨道交通方式和其他城市交通方式比较，归纳起来其特点可表现为：

——速度快。一般线路最高运行速度为 80km/h，旅行速度（包括启动、减速制动及停车时在内的从起点开车到终点停车的平均速度）为 30~40km/h。快速线路运行速度为 100~120km/h，旅行速度可达 60km/h 左右。因此适于输送市内中长途客流，比如市中心区到组团间超过 30km，快速线路在半小时之内即可到达，中心区内 15~20km 之间一般线路也只需半个小时。

——运量大。地铁的单向小时断面流量（一条线的上行或下行线路在高峰时间一个小时内最高区间运送的乘客人数）为 3~7 万人次，日客运量为 100 万人次以上。轻轨的单向小时断面流量为 1~3 万人次，日客运量可达到 40 万人次。因此，在市区客运繁忙而地面交通又难以解决的客运走廊修建地下（或高架）封闭式地铁或轻轨是适宜的，它可以吸引大批乘客，减轻地面交通的压力从而使地面道路更加顺畅。

——安全好。由于轨道交通一般均采用封闭线路的专用通道运行方式，无其他车辆和行人干扰，发生交通事故的概率几乎为零。运行系统车辆设备均有自动化的保护措施，安全性能好又不受气候等因素影响，故障率低。因此轨道交通运送相同客运量其事故率较地面交通大大降低。

——正点率高。轨道交通的列车按事先安排好的运行图由自动化系统指挥列车运行，包括运行中的及时调整和停车经路的排列均自动完成，因此效率比较高，列车的正点率就高，一般均在 99％以上。这对于早高峰上班人员在途时间可以准确计算，主动掌握，确保按时上班。因而受到乘客欢迎。

——服务优。城市轨道交通为乘客提供乘车全过程的优良服务。除列车速度快、时间短、安全正点外，购票、检票、换乘、出站均提供一系列自动化服务，候车、乘车均有空气调节，环境优美清洁，使乘车过程成为一种享受。实际上它提高了市民的生活质量。

——污染少。电力是城市轨道交通的惟一能源，和汽车交通方式比较消除了尾气排放，无空气污染。按照每天运送 100 万人次，平均乘距 10km 计算，相当于减少了 200 辆可容 50 人乘座的大客车每辆行驶 100km，或者 2000 辆车每辆行驶 10km 的尾气污染排放量。可见城市轨道交通发展下去形成网络，其代替地面交通而减少的尾气污染足以使城市的空气逐渐清洁起来。

从上述特点可见，城市轨道交通在城市公共交通系统中，因其高速度、大运量、安全性，自然应该发挥骨干作用，首先承担起高密度客运走廊及中长途市内乘客的客运任务，同时随着网络的逐步发展兼顾中短途客流，最后达到负担城市公共交通乘客量50％以上的水平。同时以其能力和特点逐步吸引个人交通方式的乘客使用城市轨道交通，不断提高城市公共交通乘客的总量，使"公交优先"的政策得到充分的体现。

城市轨道交通还有一个活跃城市经济、拉动城市发展、提高城市形象的功能。

城市居民希望外出购物、观光、约会、娱乐有一个宽舒的交通条件，特别是在下班以后，外出活动不用担心回程的交通。城市轨道交通恰好能够满足广大市民的交通要求，并为市民提供了足够的活动时间。其效果是促进了市民的消费，活跃了市场。据报载消息，上海地铁1号线开通运行以后，淮海路的商业零售额增加了25％左右，个别商店增加了30％以上。香港地铁在节日24小时继续运行，为广大乘客提供了非常宽松的交通条件。

一条城市轨道交通线路通车后，沿线原来不发达的地区，会由于交通的方便而逐步发展起来，包括接驳交通居住区建设，各种物业及围绕居住区而产生的各类服务业。随着土地的升值，房产会涨价、各种商业活动会逐渐活跃，随着大商家的投资建设在某处会发展成为地区的商业中心。北京地铁1号线设计时或许没有明确，实际上其西段较通车时已经有了非常大的发展。上海地铁1号线1995年通车后根据城市规划发展市区西南部住宅的要求，随即建设虹梅至莘庄的延伸线（长5km）。1997年通车后，沿线发展很快，住宅区落成，商业服务业迅速发展，目前在莲花站车站已经初步形成了地区性的商业中心。这属于在主要解决繁忙客运线路局部带动沿线发展的模式。

还有一种模式是在城市总体规划的指导下，按城市发展布局在交通并不繁忙但距离较长的发展带，先行建设城市轨道交通。如：广州地铁在番禺市划为广州改称番禺区后，计划建设近40km的3号线，其北端近10km穿越市区，大部分线路穿越番禺区境；大连地铁约46km建设中的3号线从老城区边缘穿越规划中的新市区、新港区及已经开发的保税区、开发区、双D港，最后到达已经建成的旅游区；天津滨海地铁线，也是从市区边缘开始，通过开发区直达塘沽口全长40余km。此外诸如上海地铁2号线将原规划中的由浦西、杨浦区向南经南京路向西的走向，在实施中改为从浦东张江陆家嘴穿越黄浦江经南京路向西；计划中的成都地铁1号线向南经过新行政区一直到达保税区等等。这些线路共同的特点是：全线全部或一部分经过地区初期客流具有一定的基础，都在规划发展带、远期均有较大的客流需求。正是基于这些条件，作出了修建轨道交通的决策，以期拉动城市的发展，前述北京、上海地铁1号线的实践证明了这种可行性。这些事实也充分证明，城市轨道的建设和运营，除了解决城市的交通问题外，拉动城市发展是其又一重要的功能。和地面道路交通相比较，在这一功能上轨道交通既显著又快速有效。

如果说发达的高速铁路和航空网是一个国家现代化的标志的话，那么一个发达的城市轨道交通网络就是一个现代化城市不可缺少的标志。修建城市轨道交通需要城市在经济发展的基础上筹措可观的资金和有相应的客流，而二者均需城市的经济实力作后盾。实际上轨道交通真正能够以它的功能支撑一个现代化城市顺畅的交通系统，还必须按需要形成城市轨道交通网络。而真正成为现代化城市的标志还必须使城市轨道交通网络在行车保障系统、客运服务系统和运营指挥系统的配备和管理方面有较高的技术含量，跟上世界技术发展的水平。磁悬浮列车是具有国际领先水平的轨道交通新形式，世界尚无投入商业运营的先例，上海引进了德国技术建设从浦东机场到龙阳路地铁站长30km的运营示范线，且不论客运、旅游价值，开通运营后就其提高城市形象而言在国际国内就会有很大影响。可见，现代轨道交通网络的不可轻视的另一功能就是提高城市形象。

三、城市轨道交通的社会属性

一条城市轨道交通线路投入运营后，其所产生的效益归纳起来有两个方面：

——由客票收入而累计的运营效益和由运营企业经营的相关产业的经营利润。这些有形的经济收益由城市轨道交通运营企业收取，用于运营成本的支出，统称为"经济效益"。

——城市轨道交通运营经过的地区的其他方面的发展，对于运营企业来讲这些发展产生的经济收益是无法由运营企业回收到因而是无形的，可统称为"社会效益"。它们包括：

可以量化的如：节约出行时间、减少乘客疲劳、提高劳动生产率、减少交通事故、进入地下而少占城市土地空间等产生的效益。

难以量化的如：减少城市空气污染、改善城市环境、节约能耗、改善城市交通结构、顺畅城市交通、沿线辐射范围内的房产升值、商业零售额增加、旅游等第三产业的发展、促进劳动就业、改善投资环境、拉动城市及经济发展、促进社会税收、提高城市形象等。

从宏观角度考虑，地铁运营的社会效益远大于运营企业的经济效益。所以，国家计委和建设部在"城市快速轨道交通工程项目建设标准"中明确规定："城市快速轨道经济评价原则应以国民经济评价为主，企业财务评价为辅"。

城市轨道交通运营后，其经济效益的大小决定于乘客的多少：乘客越多当然经济效益就越大。而其社会效益的水平，衡量的惟一表现形式仍然是乘客量的多少。如：运送乘客愈多，乘客节约出行时间的总量愈多，减少乘客疲劳，提高劳动生产率的总量也就愈大，对社会的贡献就越大等等。又如：一条新线开通后某一区段开始乘客量不多，随着时间的推移，该区段乘客逐年增长。北京、上海地铁1号线的情况就是这样。而这也说明该区段沿线的经济越来越发展了，而随着时间的推移，不断发展的经济创造的GDP和上交的税款也是不断增长的，其提供的就业岗位也应该不断增加。可见城市轨道交通运营的经济效益和社会效益目标是一致的。它就是尽可能运送最多的乘客。

新开通一条线路，乘客量的增加即客流成长有一个较为缓慢的过程。如北京地铁1号线从1971年日均客流量不足5万人次成长为46.6万人次，用了17年的时间，又过了8年才成长到66.4万人次。上海地铁1号线1995年开通时日均客流23万人次，成长到40万人次用了7年时间，其客流成长规律相似。这两条线均为大部分线路在客运繁忙区段。而对于全线基本处于拉动城市发展地带的线路，客流成长所需时日恐怕会更长。因此，无论是企业的经济效益，还是社会效益均有一个较为缓慢的成长过程。

欧洲一些城市，人口不足百万，也已有地铁线路在运行。且为追求乘车的舒适度，车厢内座位横摆，可容纳人数少。尽管行车密度不低，但日客流量大大低于亚洲城市。经咨询，权威人士回答：我们希望用高速度和舒适度吸引广大使用小汽车的乘客改乘地铁，以减少废气排放对城市空气的污染。这恐怕就是追求社会效益的典型思维吧。

城市轨道交通的建设费用巨大，因为它属于公益性建设项目，政府投资决策的依据是国民经济评价，其目的是通过其优越的交通功能运送大量乘客。在为运营企业创造一定的经济效益的同时创造巨大的社会效益。

城市轨道交通运营成本也比较大，其客票价格受政府约束和广大市民经济承受能力的双重限制，特别是在客流成长期，其客流收入一般不抵运营成本而形成亏损。而且巨大的社会效益一部分形成一定纳税额上交政府，企业是无法回收的。因此，国际通行的做法是由政府对企业的亏损结算行政补贴，而考核企业的重要指标则是客运量。

亚洲人口众多的大城市多，个别已进入发达城市的轨道交通，在经历了近10年的亏损之后，进入了公司独立经营、滚动发展的阶段（如香港）。这一前景对国内一些发展较快的城市是有吸引力的，可以作为目标，但真正实现恐怕还需较长的时间，并具备一定的条件。

首先是轨道交通的网络骨架形成，其承担客运量与城市公共交通客运量达到一定的比例（如30%以上）。

其次是市民对于票价的承受能力。票价、乘客量、企业票务收入三者之间是互动的：提高票价，乘客量下降是必然的，但票务收入是否下降取决于乘客量的下降幅度，而乘客量下降的幅度又取决于票价的提高幅度，可见这里有一个平衡点：总体上乘客的承受能力。原则上可以认为当票价提高到某一幅度时，票务收入和提价前相比下降甚微，那么这一票价水平应该是票价升幅和票务收入的平衡点。也说明原来的绝大多数乘客均可以接受。但提价的初衷无非是想提高票务收入，以弥补企业亏损，要达到这一目标，提价水平必须高于这个平衡点。高多少则应该根据经济发展和市民收入水平的提高进行综合研究确定。以香港为例，目前其平均票价水平相当于上海的近3倍，但日均客流量仍然超过200余万人次，这反映出两地发展水平的差异。国内各城市轨道交通目前均处于发展初期阶段，各城市间经济发展水平和市民承受能力也有一定的差异，如果制定的票价超过市民总体的承受能力，将会影响乘客的热情，其结果是企业的票务收入很少，既影响了企业的经济效益又使其固有的社会效益得不到充分的发挥，这就与建设城市轨道交通的初衷相悖了。

因此，在轨道交通建成通车的相当时期内，特别是那种拉动城市发展型的线路，政府对运营企业的票价政策应以促进客流成长为目标，而不是着眼于提高票务收入。

第三是正确地运用市场规律，充分发挥自动售检票的功能，做好运营的营销工作。比如设计各种优惠票、纪念票；根据轨道交通的年、月、日均客流规律结合客运能力策划各种分时分程票价；和其他交通方式联合进行"一卡通"式票务运作等等，既能方便乘客，又可以促进客流的增长。

重要的是运营企业要搞好客流市场的调查；在营销策划方面，政府有关物价部门要给予配合和支持，使其各种营销策略能够及时地跟上市场的变化。

第四是政府尽可能在规划建设城市轨道交通线路的同时能够考虑将来运营的经济问题，在线路路径有条件的地方规划出一定的物业条件，使得运营企业将来有可能从这些条件中获得一定的回报以弥补运营亏损。这样做既能够减轻政府的财政负担，又能使运营企业集中精力搞好运营，促进客流成长，使经济和社会效益双翼齐飞。香港地铁之所以能够如此发达，正是得益于政府在这方面的支持。根据资料尽管其非票务收入占总收入的比例约为15%左右，但其绝对值却是相当可观的。

第三节　城市轨道交通的运营特性

一、系统构成

城市轨道交通是一个庞大的复杂的技术系统，其专业涵盖了土建、机械、电机、电器、电子信息、环境控制、运输组织等各个门类。其主要设施和设备系统如下：

（一）承载基础与行车空间

城市轨道交通是以列车在封闭空间运行输送乘客，其重量大、速度高，必须设计足够能力的承载设施。在市中心区一般由地下隧道来承担。在地面要求地基达到一定的强度，遇到河流还要架桥。根据城市条件还可以设计高架桥承载，而高架桥还应根据列车走行方式，如钢轮、胶轮、跨座、悬吊、磁悬浮等等，设计成不同的高架桥梁。

除了承载，沿线还应有专用的列车高速行驶空间，如隧道、高架桥一般是专用的空间通道，而地面若要形成专用通道必须在线路两侧设隔离设施以防行人或者其他车辆等侵入行车限界而造成事故。对于路面有条件建设的城市有轨电车，其轨道是专用的，而空间特别是交叉路口则由各种车辆共用，均按红绿灯行驶，但应该考虑轨道交通优先。

无论是隧道、高架桥等除铺设线路钢轨供列车行驶外，还要考虑其他专业设备如接触网、三轨、水管、电线电缆、照明灯具、消防设施等安装的可能。因此，特别是隧道在设计时必须统筹计划留有足够的空间以满足各专业的要求。

地铁隧道，如图1-12。

图1-12　地铁隧道

（二）车站

城市轨道交通根据功能要求一般700～2000m，设一座车站，市中心区700～1500m，郊区或有具体条件（如遇河流、铁路等）限制可远至2000m左右。一些专门在市域内组团间建设、中间客流很小的可以5000m左右设站。总之车站的设置应视线路的具体条件和主要功能决定。

车站的主要功能是供乘客上下车，并能满足高峰客流、换乘客流的要求。同时，设在隧道区段的地下车站和高架车站，还应考虑为保证列车正常运行和为乘客服务的各种专业设备及人员工作所需的安装及工作空间。轨道交通网络中的换乘、枢纽站还必须设置乘客付费区内的换乘通道设施，必要时先行施工站还应按照设计进行工程预留。

地下、高架车站一般设两层：乘客集散层（站厅层），包括连接地面出入口的通道和售检票设施，主要功能是供乘客进出站和完成购票乘车手续。车站一般设置在地面道路交叉口附近。地面出入口的设置应根据车站长度及所处位置尽量在各人行区域设置以方便乘客进出站。候车层（站台层）包括站台和上、下行线路轨道，乘客在此等候及乘降列车。两层之间有自动扶梯及人行梯连接。这样乘客进站、付费、上车直到下车、出站，形成了方便而快速的乘车全过程。站厅和站台层两端可设置设备、工作和服务用房。地面站一般设站台层。

车站的规模、站台型式（岛式、侧式）、站厅平面及层间通道均按"功能、安全、环境"三要素优化设计，并应满足灾害时6分钟内疏散一列车乘客和候车、工作人员的要求。

有屏蔽门的地铁岛式站台，如图1-13。

图1-13　有屏蔽门的地铁岛式站台

地铁侧式站台，如图1-14。

（三）轨道

轨道沿线敷设在隧道内、高架桥和地面上，供列车运行，按照行车组织的要求，有关车站应设折返线、存车线、上下行之间的渡线等。正线和停车场（车辆段）间由出入段线相连。在网络中必要的两条线路之间及和国铁之间还应设联络线。由钢轨、道床、路基三部分组成。钢轨一般采用50或60kg轨，正线应采用焊接型长钢轨。道床在隧道内采用混

图 1－14　地铁侧式站台

凝土整体道床，高架桥可采用整体道床也可采用碎石道床，地面则一般采用碎石道床，而且要对路基进行强度处理。采用高性能的弹性扣件以减少列车运行时的噪声。在有折返、存车线路车站还应敷设道岔，一般采用 9 号道岔。

（四）车辆

根据线路运量的不同要求，城市轨道交通车辆一般有如下几种标准：

A 型：适用于高运量（单向运能 5～7 万人次）线路，必要时可用于大运量线路，4 轴，长 22m、宽 2.8m、高 3.8m，定员 310 人，一般采用受电弓受电 DC1500V。

B 型：适用于大运量（单向运能 3～5 万人次）线路。4 轴，长 19m、宽 2.8m、高 3.6m，定员 245 人，一般采用受电弓受电 DC750V。必要时可用于中运量线路。

C 型：适用于中运量（单向运能 1～3 万人次）线路。4/6/8 轴，长 18.9m、22.3m、29.5m，宽 2.8m、2.6m，高 3.25m 或 3.7m，定员 200 人、240 人、315 人，可采用受电弓或受流器受电。

车辆可根据线路客运量需要选择其中一种车型并编组组成数量不同的列车。列车编组可采用固定编组，这对于近、远期客流峰谷差别不大的线路较适用。对于客流增长的初、近期或近远期客流峰谷差较大的线路，宜采用可方便拆卸的编组方式。目前国内采用的车辆有耐候钢车和铝合金车体，并正在向铝合金车体和不锈钢车体发展。牵引系统有斩波调压直流（电机）牵引和 VVVF 制式交流牵引两种，其发展方向为交流牵引。无论何种牵引制式均设置有和信号系统相配合的列车追踪保护（ATP）和自动驾驶（ATO）车载设备。为提高舒适度车内逐步采用空调设备。

拉斯维加斯客运缆车，如图 1－15。

高架轻轨交通，如图 1－16。

（五）供电系统

电力是保证城市轨道交通列车正常运行及各种设备系统不间断工作的能源，一般取自

图 1-15 拉斯维加斯客运缆车

图 1-16 高架轻轨交通

城市电网，且大部分为一级负荷，要求比较高。因此供电系统有三种方式：

集中供电方式：在线路适中站位，根据总容量要求设 110kV 主变电站，经降压并在沿线结合牵引变电站、降压变电站进线形成 35（33）kV 或 10kV 沿线中压环网，由环网供沿线设置的牵引变电站经降压整流为直流 1500V（或 750V）供沿线架设的接触网（或第三轨），为运行中的列车供电。列车回流经车轮、钢轨流回牵引变电所，构成了完整的回路。

跨座式单轨胶轮车无钢轨可用，必须架设另一条回流线。各专业设备系统及车站照明用电则由设在车站的降压变电所供电。为保证供电可靠，各变电所均设两条进线，互为备用。

分散供电方式：不设主变电站，由城市电网的 35kV 或 10kV 电源直接向沿线设置的牵引、降压变压所供电并形成环网。采用这种方式的环境必须是城市电网比较发达，在有关车站附近有符合可靠性要求的供电设施如 110kV 变电站等。

混合供电方式：一条轨道交通线路，其沿线供电条件不同，一部分采用集中供电，一部分采用分散供电，对于这条线路称为混合供电方式。

三种供电方式中，目前采用较多的是集中供电，其主要原因是城市电网的条件。分散供电方式对轨道交通供电系统来说减去了主变电所，其建设费用和长期运营费用均可减少。对国家来讲利于资源的合理配置，应该是发展的方向。

供电系统中一个较为特殊的环节是列车的取流方式。由于列车沿线高速运行需不停地补充电能，只能采用接触网（三轨）和列车上的受电弓（受电器）在一定的相互压力下相对滑动摩擦取流方式。因此，对摩擦副均有比较高的技术要求。

接触网是沿线按设计高度架设的供电线路，其下端接触线无障碍供受电弓接触滑行取流，其水平方向呈"之"字形布置，以保证受电弓磨耗均匀，且"之"字值应在受电弓水平工作范围之内并有一定的余量，以确保滑行取流的安全。接触网分为柔性和刚性两种，柔性接触一般用于露天和隧道内，刚性接触网只能用于隧道中。

（六）通信系统

通信系统是城市轨道交通正常运营的神经，它的主要任务是及时传递轨道交通运营各系统、各部门和指挥中心间及其相互间的信息，以便及时采取行动确保整个系统正常运营。通信系统分以下各子系统：

传输系统。有线通讯传输系统过去曾长期使用电缆模拟系统，技术发展至今，光纤数字传输技术已广泛被采用。该系统由光传输终端光端机、光缆线路、PCM 复接机三部分组成。PCM 将语音、数据、图像等信息汇集后通过光端机将其由电信号转变为光信号经光缆传输到前方站，由前方站的光端机转变为电信号送 PCM 进行分路送至原信息各自前方站的设备。在地铁系统内，一般传输语音信息如电话、广播、闭路电视图像等；并为无线通信系统提供信道。此外还为供电远动系统（SCADA）、自动售检票（AFC）系统、环控（BAS）系统及防灾报警（FAS）等自动化系统等提供必要的信道。

程控数字交换机。各车站、控制中心（调度所）、各系统设备的维修单位、各管理单位以及管理指挥机关内部及单位之间利用程控交换机通过 PCM 联成程控交换机网络，形成地铁内部的公务电话通信系统。该系统和市话网有中继接入功能并根据需要分配有关用户。还有一个专用电话网如调度电话，包括行车调度、电力调度、环控调度、专用调度所和各车站、车辆运用单位等用户之间的直接通话。站间直通电话，由专用通道传递，拎起直通，主要办理行车闭塞（必要时）及建立行车业务。轨旁电话，为供有关专业人员及时报告运行线路发生的故障及其他紧急情况，轨道旁隔 500m 左右设置轨旁电话机，2~3 台轨旁电话并联并通过专线连接附近程控交换机，由各有关程控交换机组成的交换网，提供各轨旁电话分机和调度及其他有关分机联系通话的功能。此外，还有公安等系统的专用电话。专用电话程控交换机网和一般公务程控交换机网组成了既独立而又相互联系的典型的地铁内部程控交换网。

无线通信系统。无线通信一般供在移动状态下工作人员如：司机、检修人员及公安人员等在工作中和调度及指挥机关取得联系时通话使用，必要时可以使用无线通讯发布调度口头命令，指挥行车。无线通信由基地台、无线（隧道内漏泄电缆）、列车无线台、便携式无线台及电源等设备组成。

车站广播系统。该系统的作用主要是向乘客及时通报运营信息，在故障等非常情况下通报行车票务安排，必须时亦可紧急召唤检修、抢修人员。其目的是组织、疏导、安抚乘客有序乘降列车，及时疏散车站人员，加快事故处理进程。因此其功能有车站分别广播及调度部分或全部车站统一广播等。车站播音台配有区域选择键盘，通信室有前置放大器及功放控制接口等单元设备，车站有关区域及隧道均装有两个带扩大器的扬声器。正常情况下车站广播可采用自动广播，必要时切为人工通报有关信息，在遇到某处故障情况下调度所有优先播放，调度所设有列车调度、电力调度和防灾调度播音台并互锁。

闭路电视系统。该系统的主要作用是供调度员及车站值班人员不间断、有选择地监控客流动态以确保乘客进出站及乘降列车的安全和有序。一般情况下站台列车停车位置头部装有显示器，显示器由两台摄像机摄出了乘客上下列车及车门开闭情况，供列车司机监控，站厅售检票区域及重要通道（如换乘）处装有摄像设备，将车站客流状况在车控室显示，这些画面均传到调度所，供调度员重点切格监控。遇有非常情况，车站、调度可进行局部或全线售检票、列车运行的调整，以适应客流变化的需要。

（七）信号系统

信号系统是轨道交通线路上惟一的指挥列车运行的系统。目前采用的 ATC 系统包括了三个子系统：

ATS——行车指挥子系统；

ATP——列车追踪运行保护子系统；

ATO——列车自动驾驶子系统。

ATS 子系统由设在调度所和车站、车载的设备组成，其功能是实现行车指挥自动化。运行前将全天的列车运行图输入，该系统就可以组织列车按运行图行车，包括列车运行、列车进路排定、列车折返等等，并自动画出列车当日的实际运行图。同时在中央显示屏上实时地显示列车运行情况，供调度员监控。

中央监控室（总调度所），如图 1 - 17。

ATP 子系统是确保列车运行安全的关键设备，由轨旁和车载设备组成。列车通过轨旁设备接收运行区段目标速度并以该速度运行，全线列车均按此原则运行从而保证了运行图的实现。轨旁设备安装距离视运行需要而定，一般为 100～400m；它们通过轨道电路相连，双向扫描自动监控确定线路上运行列车的位置以及前进方向并给出速度码，列车若由 ATO 控制运行则列车运行速度不会超过指令速度。若由人工驾驶，司机疏忽超过了该速度指令则列车自动停车装置启动迫使列车自动停车，以避免追尾相撞事故的发生。因此，从安全角度衡量，ATP 应该是保证列车运行安全的最重要的设备。另外，有了这套系统，可以设定运行中的列车距前方列车的最小追踪距离，这一距离是由列车编组运行重量和速度决定的紧急制动距离控制的，如 A 型车 6 节编组运行速度在 20km/h 时，制动距离一般为 100m 左右。有了最小追踪运行距离，再考虑一定的安全技术裕度，就可以据此编制高密度的列车运行图从而突破了传统一区间一列车的概念，大大提高线路输送能力。如：上海、广州地铁1号线列车追踪运行的时间间隔均设定为120s。因此，从提高输送能力的角度讲，ATP是不可缺少的设备。

图 1-17　中央监控室

　　ATO 子系统由地面和车载设备组成，相互传递列车位置及前进方向和速度指令。当和列车上的控制系统相连后，车载设备在接收到指令后自动完成列车的启动、加速、制动、进站、定点停车的运行过程，俗称自动驾驶子系统。由于列车上的门控装置和列车启动装置相连锁，当列车停稳后，经系统内部确认车门自动开启（如有屏蔽门则经一过程和车门错位开闭），乘客上下车，司机确认该过程完成后，手动关闭车门并确认，然后据发车表示按启动列车按钮，列车自动出发。因为乘客上下车安全第一，所以人工介入。在国外有些线路条件允许，这一过程也加入了 ATC 自动化系统成为真正的无人驾驶列车。

　　在折返站以及一些有必要设置道岔的车站，早期采用电气集中连锁设备，现在一般均采用微机连锁将道岔的控制接入 ATC 系统，在折返、出入库及有存车线等使用时，预先自动扳动道岔，检查排列好接车进路，列车即可自动完成折返等指定作业，从而大大减少了时间。因为列车折返时间也是控制行车间隔能否达到设计标准（如120s）的关键之一，所以折返作业的自动化也是提高输送能力的重要措施。

　　为列车检修试验及列车停放，一条城市轨道交通线路设有车辆段（或停车场），并有出入库线和正线相连，以供列车进出，场内一般均设有供列车出入、停放、检修、试验的线路。场内线路一般均设有一独立管理的站场信号系统。目前均采用微机连锁集中控制设备，当列车出入正线时，需和正线 ATC 系统办理必要的登记编号等手续。

（八）自动售检票系统（AFC）

早期的地铁均采用人工售、检票，对于经常出行的人均习以为常，在客流高峰季节也不免曾为出行购票而烦恼。近期投入运行的地铁均采用了自动售检票系统，如：上海、广州地铁1号线，该系统均已先后投入运行。首先是极大地方便了乘客，"一卡在手、通行无阻"。自动化的售、检票设备非常简单方便，在线路换乘时免除了再次购、检票之烦，如果购置了储值票还可以多次乘车，有关城市还在逐步实行"一卡通、一票通"的措施，同一张票卡既可坐地铁也可乘公共汽车、出租车、轮渡等城市交通工具，为乘客节约大量的出行时间和减少了烦人的购票之苦。可见，为日以百万计的乘客提供的上述服务，不仅大大地改善了城市交通环境，提高了城市的交通效率，更重要的是加速了城市现代化，提升了城市的总体形象。

该系统由中央计算机、车站计算机和现场自动售、检票设备三部分组成一个中央集中分级管理的系统，车票目前采用磁卡和IC卡（智能卡）并用方式，且正在逐步向IC卡单用方式过渡。由于采用了上述系统进行票务管理，乘客每一次购票、进出站检票闸机的记录均由计算机管理，因而使得分段计程票制得以实施。这对于乘客而言，按旅程长短付费既公平又易于接受。

车站自动售检票机，如图1-18。

图1-18 车站自动售检票机

对于客运管理部门来讲，自动售检票系统可对客票跟踪记录，一些客运管理数据如：站间OD报告：年、月、日客流量；换乘客流量；平均乘距；列车满载率；站、线、网客流量及客运收入、平均票价等等，均可及时进行统计分析并打印。这些数据在人工售检票情况下即使动用大量的人力物力也是无法如此精确地得到的。而这些数据正是运营管理部门进行科学的客运管理和行车调度所必须的，可以在数据分析的基础上根据不同的客流曲线进行客运能力（增减投运列车）、客运设施的调整以达到在更好地为乘客服务的同时，尽可能地降低运营成本。为了吸引客流，在日客流曲线存在明显的峰谷差异时，可以采用弹性空价收费的办法引导客流，使得可以不在高峰时乘车的客流改乘非高峰时段列车，同时也可以价格优惠吸引非高峰时段乘客以提高列车满载率，促进客流增长。随着社会的发展必然会有一些优惠政策，如学生、老人等车票价格优惠等。自动售检票系统在技术上完全能够适应这些措施。因此，它又在促进企业的科学管理的同时，体现了社会的进步。

（九）屏蔽门系统

屏蔽门是在近期以节能为目标发展起来的新设备系统，同时也只有在轨道交通运营设备技术发展到信息化时代如信号和车辆均由ATC系统自动控制时，才能为屏蔽门系统的实现提供技术基础。第一条设有屏蔽门系统的地铁是新加坡开通运营的。由于其地处热带，常年气温很高，车站均有空调设施，常年运转能耗很高，为不使冷空气随列车进出车站的气流通过隧道流失，在站台两侧安装了透明的隔板，其在列车停车后的车门相应位置装有和车门的宽度和高度相当的屏蔽门，无列车停站时，该门关闭，将站台和列车停车、运行的空间隔断，使站台站厅形成一个相对封闭的空间，从而防止了冷量的流失，达到节能的目的。当列车停车时屏蔽门打开以供乘客乘降，乘降完毕，该门关闭。屏蔽门的控制系统接入ATC系统，当列车停稳后，ATC系统给出信号，屏蔽门和列车车门几乎同时打开，关闭也由ATC系统自动控制。

该系统开通之后，实践证明节能效果是相当明显的。同时发现一个当初意想不到而十分重要的功能——保护乘客的生命安全。自城市轨道交通运行以来，中外有关城市时有乘客在列车进站时落下站台发生人身伤亡的消息。有了屏蔽门，在列车进站停稳之前和启动之后，乘客有了屏蔽保护不会落下站台，从而杜绝了事故的发生。从某种意义上讲，这个意想不到的功能其作用远比节能重要得多，因此设置屏蔽门的作用逐步被认识并成为地铁的重要设备系统之一。它的安装使用也成为地铁"以人为本"的重要标志。

（十）导向和预报系统

城市轨道交通形成网络并发挥城市公共交通骨干线路的功能时，每天有百万数量的客流进出遍布市区数十甚至数百座车站。如何组织好大量的客流，使之有序而顺畅地完成他们各自的旅程？乘客导向和行车预报系统起到非常大的作用。特别是在地下枢纽站，面对深邃莫测的地下空间，每一个进出的乘客心理上都有迷茫的感觉，如果抬头就见到一个明显的导向标志，迷茫的感觉会顿时消失，随着不中断的导向标志前进就会顺利地乘上列车。

首先是进站，遍布城市百余座车站有三倍以上数量的出入口，在出入口附近各个方向大街道上均设有进站导向标志，使乘客可随时顺利地到达出入口进站。当然出入口进口处也必须有明显的标志。进站后"售票"、"进口"（付费区）、"列车运行方向"等一系列导向标志顺利地引导乘客购票乘车。到达目的地下车后，导向标志应该引导乘客检票出付费区，选择去向最近的出入口出站，完成一次心情愉快的旅行。因此在站厅内还必须设置各出入口的分布及有关的街道路名以及相近的地面公交线路，以引导乘客顺利地换乘。在轨道交通换乘站，付费区内应设换乘线路的导向标志，引导乘客换乘其选择的轨道交通线路。在售票处、列车车厢内等明显处所应设有轨道交通网络图，以利乘客正确地根据其到达目的地站选择换乘站及换乘线路。

上下班使用轨道交通的乘客对乘车线路及出入路径当然是熟悉的，但这一路径的轨道交通线路及出入换乘站毕竟有限，工作之余购物、访友、旅游等生活出行肯定会超过其熟悉的范围，另外如：郊区、外地以及市区生活出行客流等，不经常使用轨道交通的乘客，更加需要导向。可见，导向标志已经成城市轨道交通为广大乘客服务所必须的"以人为本"的又一重要标志。实际上，从乘客的心理上分析，一次乘坐轨道交通的"愉快的旅行"必然会给人留下深刻的印象，从而起到广泛吸引乘客，促进客流成长的重要作用。因此，包括行车预报系统在内的导向标志和一系列乘客服务设施，其重要性决不容许有丝毫的忽视。

行车预报系统在国外轨道交通中早已被普遍使用，近来已经投运的地铁线路正在筹划推行。它包括站台列车信息预报，车厢列车信息预报，还可以综合时钟及其他有关信息。显示屏一般采用发光二极管组合或液晶显示屏（国外早期多用翻板），而信息来源取自ATC系统，十分准确。这种视觉信号比广播对于乘客而言可接受性更强，首先是其存在时间比较长，乘客随时抬头可见，其次避免了广播噪声使得车厢车站显得十分安静，从而改善了环境质量。

（十一）车站机电设备

城市轨道交通的车站是乘客的集散点，每天从清晨到深夜川流不息。据统计大型站每天会有数十万人出入。根据线路走向和地面环境特性车站可分为地面站、高架站和地下站。为了保证客流进站乘车和下车换乘、出站的顺畅和舒适及车站的正常运作，车站均设有各种必需的客运服务及有关设施，这些设施大部分都为机电产品，所以统称车站机电设备。

地下车站的环境需要以及其客流滞留时间相对较长，因而所需的机电设备也最多，因此这里就以地下车站为典型作一介绍：

环境控制系统：为了保证地下车站的空气及温度适宜，设置了集中空调及通风系统，为了防止地铁（包括运行中的车列）发生灾害时对乘客的伤害，设置了排烟装置。一旦火灾发生，设在有关车站的排烟风机同时启动，向一个方向排烟，利于乘客反向避让。环控系统的制式有两种：一是屏蔽门系统。另一种是不设屏蔽门的"闭式"系统，其系统组成除不设屏蔽门和车站两端风道的区别外，设备种类构成一样但容量就要大得多，因而能耗也大，因此需要的地下建筑面积也要大。因此从发展方向看一般地下车站均倾向于设置屏蔽门。

消防给排水：车站内设置的给水系统水资源来自城市自来水，用途为生活、工作（如清洁等）用水、消防用水。废水及雨水，通过设置的排水系统排至室外的污水系统。消防用水通过管网送至设于站内及区间的消火栓，以备不时之需。地下变电站等重要设备机房设气体灭火装置。站台、站厅及重要机房等处设消防报警及水喷淋自动灭火装置。

环控及消防报警设备均由自动监控（BAS/FAS）系统进行分级（就地、车站、中心三级）监控，并构成分级综合监控系统。一旦火灾发生，由控制中心统一指挥并综合行车、供电等情况及时采取救护控制措施，及时疏散乘客，排除事故，尽快恢复列车运行。

车站照明：地下车站24小时依靠电光灯照明，而且从早晨5时开始至夜间23时，18小时内人流不断，大站一天会有10数万人进出，因此，充分的照明是十分重要的。地铁供电系统负荷中，站台、站厅照明被列为一级负荷自有其道理。此外万一遇到供电系统故障，还有备用蓄电池维持人员疏散照明 30 ~ 60 分钟。

自动扶梯及电梯、残疾人电梯等也是车站的机电设备，为乘客提供进出车站的方便而舒适的代步手段。

二、运营特性

由城市轨道交通设施、设备的系统构成可知，这是一个庞大而复杂的系统，其技术专业门类从传统的土木建筑、机械、电机电器，到属于高新技术的电子产品、自动控制、信息传输等技术范畴。从运营功能看大体属于三大系统：

列车运行系统：隧道、站台、线路、车辆、牵引供电、信号、通信、控制中心、车站行车等。

客运服务系统：车站及其照明、售检票及计算中心、导向及预告措施、消防、环控、自动扶梯、电梯、车站服务等。

检修保障系统：为保障上述设备性能良好，能随时启动重新投入运行而具备的检修手段及检修能力等。

三大系统的运行目的是不间断地运送乘客安全、准时地到达目的地。它在完成为乘客服务的同时，也在不断地产生城市轨道交通惟一的产品——乘客人某公里，而这也是运营企业主要的经济来源。

（一）系统联动

地铁建设和运营的目的是为市民提供快速、安全、准时、舒适、便利的运输服务，使乘客能够便利地进站购票乘车、安全而舒适地旅行、快速而准确地到达目的地。

完成这个任务的手段就是列车安全、正点地按设定的列车运行图运行和为乘客提供良好的服务。

安全运行和优质服务的基础是：城市轨道交通三大系统同时正常、协调地运行。

如何保证城市轨道三大系统、30 余项不同的专业设施、设备每天 18 ~ 24 小时正常而协调地运行是摆在运营组织者面前的课题，解决的途径应该从基础入手，以目标为依据，结合时间、空间等因素，系统而协调地进行。

各种专业设备的运行均有各自的特点，动态的如车辆，看似静态而内部一直在运动的，如供电、通信、信号、接触网、线路等等，静态的如隧道、车站等，它们在各自的运行中均有其本身的规律和容易出现故障的弱点。

车辆和设备之间、各种设备之间在正常运行时均有相互依托的关系，这些关系的存在要求它们之间有严格的技术配合。如列车和钢轨；列车和接触网；列车和信号（ATP、ATO）；列车和通信；供电和通信信号；通信和信号；供电和自动售检票；自动售检票和供电、通信、信号等等。可以说在列车运行时，它们相互之间环环相扣共同保证列车正常运行和服务的良好。任何一环故障均会不同程度地使地铁的正常运行受到影响，严重的甚至造成列车停运。如果说这些设施、设备系统在建设阶段和停运检修时主要部分为各自独立的个体，那么一旦建成（修复）投入运行，它们就可喻为链轮和链条，共同维持地铁这一大的联动机的正常运行。

现代轨道交通自动化程度相当高，这是发展方向。正是高技术的发展将计算机带入了我们的城市轨道交通的若干设备系统，通信、信号、供电、自动售检票、环控、消防报警、甚至车辆，计算机均在这些系统中起了核心作用，相当程度上替代了机电甚至人的功能。来自这一整和的主要难点在于，如何设置运行检修机构来统一各专业设备系统计算机的运行检修工作而又不割断甚至更加紧密地联系计算机（包括主机及各层次的计算机）和专业设备的运行和检修？一是打破专业系统封闭的传统观念，二是培养和拓展运营检修技术人员的专业知识面。这从一个侧面反映出现代城市轨道交通的各专业之间相互依托、相互渗透的联动性。实现了这一联动，才能在运营时间内不断地产出城市轨道交通合格的产品——乘客人某公里。

（二）时空概念

乘客人某公里，是列车不断地在线路运行中，乘客在各车站上车、下车完成旅行中产生的运行指标之一。列车的运行是根据乘客的出行需要安排的，大中城市要求高速度、高密度的列车运行来为市民出行服务，因此，现代城市轨道交通的旅行速度市中心一般设计为 35~40km/h，市郊高速达到 60km/h 以上（线路最高行车速度分别为 80、100~120km/h），最小行车间隔（密度）为 2 分钟。

如此高速度、高密度的列车安全运行，要求城市轨道交通的三大系统随之适应。这就形成了城市轨道交通运营企业和一般的制造业明显不同的时间和空间的概念。而它的产品是人的移动而不是物的加工，更使得时间和空间的概念变得尤为重要。因为时间和其相对应的空间是轨道交通运营中不可存储的，一旦失去势必造成列车运行晚点，严重的就会发生事故。具体地讲：如果一旦运行的车辆、设备故障影响到列车的正常运行，必须立即处理，尽快恢复正常，确保列车运行；正线上的安装在车站的设备，白天检修或处理故障也定时、定点要有记录；线路设备检修、巡视等工作一般安排在夜间进行，城市轨道交通之夜也是十分繁忙的，各专业进行检修都要提前计划经批准后才能进行，进行时要取得调度命令，并进入车站根据调度命令登记好开工时间及结束时间、进行工作的区间工作范围（上、下行，公里数等）且工作必须按时完成，消除调度命令和出口站消除车站登记。因为各专业均在夜间作业，有时还需开行施工车辆，有时需停电，均要占用时间和空间，而夜间允许检修工作的时间又很短（一般为 24 点~4 点），需统一分配，并按时完成，否则就可能发生人员或设备事故或者影响列车正常运行。

有一实例说明时空概念的重要性：接报，某区间隧道内供水管道漏水，负责检修单位派人员在甲站登记后进入隧道检修，登记的是甲—乙站，6：00 时~6：30 时，该员在甲—乙区间内未发现漏水管道，出于责任心继续前往乙—丙区间内检查，直到 7：30 时才在丙站出隧道。结果造成早班列车晚点 20min。按理，在一般企业该员责任心应受表扬，结果由于他时空概念淡漠造成了列车晚点，非但未获表扬反而因造成列车晚点而受到了处分。由此足以说明时间、空间概念在地铁运营企业的重要性。

供水管道等设备检修时单一专业可以完成。有些设备专业之间相互渗透，检修时有关专业人员需同时到场联合作业，如车辆夜间检查时通信、信号检修人员同时到场，并排定三者的作业程序，检查车载的无线通信、信号（ATP、ATO）设备和车辆，按时完成。夜间回库车集中到达，需检查的列车数量较多，必须在限定时间内检查确认，保证清晨出车，因此，对检查人员的时间和空间概念的要求也是很严格的。还有如属线路专业的道岔，它是和信号系统的转辙机联合运行的，一旦发生故障双方必须同时到场各自检查，找出问题共同处理。这是两个比较突出的例子，实际上许多专业均存在类似的问题。也就是说在轨道交通运营企业，时间和空间的概念是必备的基本概念。

（三）统一指挥

多专业多工种联合运行，时间、空间概念要求很高，一旦发生故障，后果及影响都很严重的城市轨道交通运营系统，需要严格的高效率的统一指挥。控制中心（调度所）就是为此而设置的。

一条完整交路运行的现代城市轨道交通线路设一调度所。调度所一般设于线路适中车站附近。信号系统（ATS）、供电系统（SCADA）、环控系统（FAS、BAS）、主机及显示屏均设于调度所内。通信系统及自动售检票（AFC）系统一般也设于此。列车运行时由行车调度员、电力调度员、环控调度员分别担任行车系统、供电系统及环控系统的调度指挥。

正常情况下，现代城市轨道交通的上述三个自动化系统均由系统主机按调度员设定的列车运行图、供电及环控模式自动控制信号、供电及环控系统正常运行，列车也在司机的监护及必要的操作下正常行驶。同时运行的信息如列车位置、列车间的间隔及是否偏离设定的运行图、供电及环控系统运行状态均在显示屏上实时显示，调度员可随时监视、掌握列车及有关系统运行状况。调度员还可以利用有线及无线通信系统随时和有关人员（列车驾驶员、行车、供电、环控、自动售检票等系统运行值班人员）通话了解有关情况。

发生一般的问题，如列车晚点、供电设备故障等，调度员人工介入转换局部运行模式，系统设备自动赶点运行或自动进行设备切换运行。遇有重大事故，如列车故障停运或牵引供电设备故障停运等，则由各专业调度员按照预案或紧急抢修方案有步骤地统一指挥有关的列车驾驶员、车站行车值班员、牵引变电所值班员、环控值班人员（必要时）、事故现场抢修人员等进行必要的操作，采取必要的安全措施和迅速进行抢修。有关车站组织乘客安全疏散和自动售检票设备的密切配合。在确保乘客安全的前提下，尽快恢复设备和列车的正常运行。必要时一边抢修，一边组织小交路行车，以缩小事故影响范围和疏散滞留的乘客，而这一切操作的顺序及内容均是以带编号的调度命令下达指挥执行的。这种情况是极少发生的，但相应的长期准备则是非常必要的。

当然，无论是列车运行图、各设备系统正常运行模式，还是事故处理预案等调度员据以进行每天正常指挥或事故抢修的文件，都是运营公司决策机构经过市场调查及服务水平的要求，阶段性地研究制订的。除极特殊的情况外，调度所是无权改变的。因此，严格地说，运营决策机构和调度所的有机结合形成了城市轨道交通的运营统一指挥的中心。

（四）高效管理

一个运行中的系统的管理是建立在这个系统的技术基础上的，也就是说管理是以人为的手段将系统的各个技术环节有机地联系起来，使得整个系统有效地运转从而达到这个系统预期的产出。现代城市轨道交通的设备技术含量和20世纪中后期传统的设备技术相比较应该说有质的飞跃。信息技术的采用使传统技术时代许多人工操作为技术设备所取代，从而在更加安全的基础上提高了效率。如列车的自动驾驶、信号设备的自动化、售检票系统的自动化以及其他设备的远程控制等等。但不可否认的是，任何先进的技术设备永远不可能完全取代管理，更何况以上讨论的仅仅是系统运行的管理，还有许多其他层面的管理尚未涉及。

同样不可否认的是，列车运行、客运服务和设备检修组成的联动的系统是运营企业的根本，而其他层面的管理是间接地为保障列车正常运行服务的，因此，可以认为：地铁运营企业的管理是以技术管理为基础的综合管理。

对城市轨道交通运营企业而言，技术管理的核心是规章制度，它是规范人员生产活动中的行为准则，各岗位人员只有严格执行规章制度才能使得规模庞大而技术复杂的系统有序、安全而高效地运转。反之，系统运转就会受到阻碍从而降低效率甚至发生事故造成严重后果。

企业规章制度也有层次，如：具有"企业宪法"性质的是"技术管理规程"（简称"技规"），其内容规定城市轨道交通的运营宗旨、企业精神、技术规范、服务要求、管理规则、指挥系统等运营系统的规则及带有规律性的问题，以统领和规范列车运行、客运服务、检修保障三大系统的生产活动。它应该在采用设备的技术基础上反映运营企业的运行规律，涵盖三大系统的有机联系，适应地铁运营的社会要求。随着运营规模、运营技术、社会环境的发展，技规也应不定期地补充和定期修改，以使其更加符合运营实际，以保持其统领和规范作用和"企业宪法"的性质。

具有系统性规范性质的有："行车组织规则"、"客运组织规则"、"调度规则"、"安全规则"、"事故处理规则"以及设备、设施的"运行检修规则"等。这些规则应该在"技规"原则的指导之下，在各系统设备技术基础上制定，以规范各系统的日常生产活动。如：

"行车组织规则"是列车运行系统的行为规则。它在列车、线路、车站设施及信号（ATC）及通信系统的技术基础上，在列车不同的运行模式（如正常、晚点、故障等）下规范调度员、列车驾驶员、车站及各设备系统值班人员等的活动，及进行活动是否必须办理的手续（如调度命令）等。

"客运组织规则"是客运服务系统的行为规则。设备、设施的"运行检修规则"是检修保障系统的行为规则。

"安全规则"、"事故处理规则"是为贯彻安全第一的方针，保证运行、检修和服务工作人员、设备安全而编制的从预防为主到发生了事故后的调查、处理的各种规定。

此外还有各专业、各工种、各单项作业更为具体、详细的针对性、操作性更强的技术管理方面的制度、工艺、办法等等。如"车站管理细则"、各专业的具体规则、作业办法。

一系列的规章制度系统地涵盖了运营系统的每一个技术角落，使得日常的运营和故障的处理均有章可循，从而保证了地铁运营这一庞大的联动运输机构的正常运行，更好地保证"城市动脉"的畅通和社会的发展。

（五）优良服务

一座城市的轨道交通系统（网络）每天要面对数十万乃至数百万的乘客，并负责将他们从其出发站输送到目的站，同时使每一位乘客在从购票乘车到下车出站的全过程中都感到满意，这是轨道交通运营的宗旨。为此，运营企业必须在每一个环节均为乘客提供优良的服务。

首先是在线运行的列车必须按照运行图的规定安全、准时地运行，以保证乘客顺利地完成出行。这是列车运行系统人员包括从调度员的指挥到列车驾驶员的操作应该完成的任务。可以说这是优良服务的一个根本环节。

其次是根据市场需求和客流规律及其变化，制定不同的运行图，以使运能适应运量的需求，至少使乘客能够及时乘车而不感到太拥挤。和城市间客流规律不同，城市客流明显的规律是上下班比较明显和不定期的大型公共活动时段客流集中及双休、节假日客流集中等。运营管理决策层应据此制定不同的运行图以满足需要。

适宜的、乘客能接受的票制和票价也是优良服务的关键。如果票价高得使很多乘客放弃乘车造成运能有较大的冗余那就说明乘客的承受能力不足，票价需要调整以吸引更多乘客。另一种票价调整是在既有运能无法满足乘客要求，正常的列车运行已经受拥挤乘客的影响而不能保持，短时期又无法增加运能的情况下进行，此时也只能采用经济（票价）杠杆进行调节以保持优良的服务。值得提出的是设计和管理城市轨道交通，必须对远期（30甚至100年）的客流需求作科学的预测并及时提前储备适当运能（包括列车数量和运营有关设备、设施的能力）以适应客流的需求。AFC系统的采用使得客流和票价的相互关系有了可靠的设计对比，它为在分析历史发展的基础上预测不远的未来的客运需求提供了科学的依据。

换乘问题是城市轨道交通从单线运营发展到网络运营不能回避的问题。正确的考虑应该是从规划建设城市第一条轨道交通线路开始就从网络规划的角度，从网络运营组织的角度，特别是从乘客感受的角度来考虑换乘的问题。而不是从投资、从工期、从其他的角度来考虑。尽量采用方便的平行换乘方式建设列车交叉运行的同站台换乘的枢纽车站，使大量的换乘客流就在站台层消化，既方便了乘客又省去了站厅层客流换乘的面积和设施。应该说有若干个这样换乘枢纽的网络，才是高服务质量的轨道交通网络。

从乘客进站到上车、下车到出站，这两个环节的服务应该是以售、检票和乘客导向为中心的。自动售检票系统（AFC）的使用在技术基础上将服务质量提高了一个层次。乘客可以一次购票（储值IC卡）多次使用，大大节省了购票时间和减少了手续的麻烦。分段计程票价制使乘客的负担更加合理，且在网络内换乘不同线路连续计程和一卡通用（公交、出租、轮渡等公共交通工具），在一定程度上实现了城市公共交通"一体化"。单程票是在轨道交通网络内部使用的，这就提出了城市轨道交通网络内部单程票制式（当然包括售检票机）统一的问题。网络的建设方便了乘客的出行，而乘客的出行往往要换乘，乘客出行的起讫点站遍布网络内每一座车站，那么单程票就应该各站通用，其制式统一势在必行，否则就明显地降低了服务的水平。售、检票机的数量及其在站厅层的布置应结合车站的地面出入口的位置、付费区的分隔方式、站厅站台间阶梯的位置综合考虑，运用好整个站厅层的面积和距离，使进、出站客流、购票、检票客流通行顺畅，不致造成交叉拥挤。

车站出入口外街区、出入口，进站后的通道，站厅内售、检票及查询服务设施、换乘方向等均应有明显的、不间断的乘客导向和指定标志，引导乘客顺利地进站、购票、检票或换乘出站。站台层的标志应能正确引导乘客候乘目的站方向的列车。站厅、站台、列车内明显处还应有安全标示及本线线路图（图中应标明本站位置及换乘站、线）、城市轨道交通网络图、票价表、车站平面布置图乃至计算机查询系统等。在站台及列车上设置候车乘客视线可及的电子行车预告显示，及时预告后续列车及列车前方到站等信息。必要时可发布运行故障及乘车安排通告的服务，做到自助乘车旅行，乘兴而来，满意而去。一系列智能化的服务既节省了人力又无形中增加了对客流的吸引度。当然不能忘记特殊的乘客群体：老人、儿童、残疾客人等，必要时还有服务人员温馨的指引和服务。

车辆及系统设备检修，保证设备的正常运行是列车运行系统和客运服务系统为乘客提供优良服务的基础。总之三大系统组成的轨道交通运营是一个整体，是一个联合运输的大系统。它的惟一宗旨就是"安全第一，乘客至上"。

第二章 城市轨道交通行车组织

第一节 列车运行图

列车运行图是利用坐标原理表示列车运行状况的一种图解形式。

一、列车运行图的作用

（一）列车运行图是组织列车运行的基础

列车运行是一个很复杂的环节，它要求各个部门、各工种、各项作业之间相互协调配合，才能保证列车安全和提高运输效率。列车运行图规定了各次列车占用区间的顺序、列车在一个车站到达和出发（或通过）的时刻、列车在区间的运行时分、列车在车站的停站时分、折返站列车折返作业时间及电动列车出入场时刻。列车运行图在保证城市轨道交通运营各部门的相互配合和协调动作上起到了重要的组织作用。

（二）列车运行图是运行组织的一个综合性计划

运营生产是一个统一的整体，涉及城市轨道交通运营的各业务部门都需要根据列车运行图所规定的要求来安排工作。如，车站根据运行图所规定的列车到达和出发时刻，安排本站行车组织工作和客运组织工作；车辆维修部门每天运营前要整备好运营需求的列车数，车辆运转部门要根据列车运行图的要求确定列车的派出时刻和乘务员的作息计划；工务、通信、信号、供电、机电等部门也要求根据列车运行图的规定来安排施工计划和维修计划。因此，列车运行图是城市轨道交通运行组织的一个综合性计划。

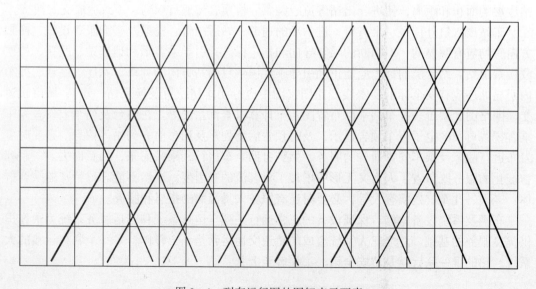

图 2-1 列车运行图的图解表示要素

（三）列车运行图的图解表示要素（如图 2 – 1）

1．横坐标：表示时间变量，按要求用一定的比例进行时间划分，一般城市轨道交通列车运行图采用 1 分格或 2 分格，即每一等分表示 1min 或 2min 时间。

2．纵坐标：表示距离分割，根据区间实际里程，采用规定的比例，以车站中心线所在位置进行距离定点。

3．垂直线：是一族平行的等分线，表示时间等分段。

4．水平线：是一族平行的不等分线，表示各个车站中心线所在的位置。

5．斜线：列车运行轨迹（径路）线，一般以上斜线表示上行列车，下斜线表示下行列车。

6．在列车运行图上，列车运行线与车站的交点即表示该列车到达、出发或通过的时刻。由于城市轨道交通列车停站时间较短，一般不标明到、发不同时间。

7．在列车运行图上，每个列车均有不同的车号与车次。一般按不同的列车类别规定代号与列车号。如专运列车、客运列车、施工列车等；按发车顺序编列车车次，上行采用双数，下行采用单数。但也有例外，如上海地铁目前使用的车次号由 5 位数组成，前 3 位为列车识别符，后 2 位为目的地符，目的地代表列车的运行终点站。如 11296 次表示 1 号线开往莘庄站的 112 次列车。

（四）列车运行图的分类

1．按区间正线数分：单线运行图和双线运行图。

2．按列车之间运行速度差异分：平行运行图和非平行运行图。

3．按上下行方向的列车数分：成对运行图和不成对运行图。

4．按同方向列车运行方式分：连发运行图和追踪运行图。

5．按使用范围分：日常运行图、节假日运行图、其他特殊运行图。

城市轨道交通系统的列车运行图因其系统特征所致，一般均为双线成对追踪平行运行图。

二、列车运行图的格式与分类

（一）列车运行图是列车在各区间运行和在各车站到达、出发(通过)时刻的图解形式

1．一分格运行图：它的横轴以 1min 为单位有细竖线加以划分，10min 格和小时格用较粗的竖线表示。这种一分格图主要在编制新运行图和调度指挥时使用。

2．二分格运行图：它的横轴以 2min 为单位有细竖线加以划分，常用于市郊铁路运行图的编制。

3．十分格运行图：它的横轴以 10min 为单位用细竖线加以划分，半小时格用虚线表示，小时格用较粗的竖线表示。这种十分格运行图主要供调度在日常指挥中绘制实绩运行图使用。

4．小时格运行图：它的横轴以 h 为单位用竖线加以划分。这种小时格运行图主要在编制旅客列车方案图和机车周转图时使用。

5．在列车运行图上，以横线表示车站中心线的位置，一般以细线表示中间站，以较粗的线表示换乘站或有折返作业的车站。

（二）车站中心线有下列二种确定方法

1．按区间实际里程比率确定：即按整个区段内各车站间实际里程的比例来画横线。采

用这种方法时，列车运行图上的站间距完全反映实际情况，能明显地表示出站间距离的大小。但由于各区间的线路和纵断面不一样，使列车运行速度有所不同，这样列车在整个区段的运行线往往是一条斜折线，既不整齐，也不易发现列车在区间运行时分上的差错，所以一般不采用这种方法。

2. 按区间运行时分比率确定：即按整个区段内各车站间列车运行时分的比例来画横线。采用这种方法时，可以使列车在整个区段运行线基本上是一条斜直线，既整齐又美观，也容易发现列车在区间运行时分上的差错，故多被采用。

列车运行图上的列车运行线与车站中心线的交点，即为列车到、发或通过车站的时刻。根据列车运行图的格式不同的表示方法。所有这些表示时刻的数字或符号，都填写在列车运行线与横线相交的钝角处。

三、列车运行图的组成要素

城市轨道交通列车运行图组成要素在内容上有三类：时间要素、数量要素、相关要素。

（一）时间要素

1. 区间运行时分：指相邻车站之间的运行时分，需经列车牵引计算和实际查标后确定。

2. 停站时分：指列车停站作业（包括减、加速、开、关车门等），乘客上、下车所需时间总和。

3. 折返作业时分：指列车到达终点站或在区间站进行折返作业的时间总和。折返作业时分包括确认信号时间、出入折返线时间、司机换岗时间等。折返作业时间受折返线折返方式、列车长度、列车制动能力、信号设备水平、司机操作水平等多因素的影响。

4. 出入车辆停车场作业时分：指列车从车辆停车场到达与其相接的正线车站或返回的作业时间，亦需通过查标确定。

5. 营运时间：指城市轨道交通运营线路运送乘客的时间。一般说来，各国城市轨道交通系统均有一定的夜间时间（2～6h不等）用作设备、设施的维修和保养时间。

6. 停送电时间：指每天营运开始前送电和运营结束后停电所需操作和确认时间。

（二）数量因素

1. 全日分时段客流分布：按客流的时间分布进行预测、调查分析，确定高峰、低谷时段客流量，从而对列车编组数或列车运行列数等相关因素进行合理安排，并作为开行不同形式列车的主要依据，如区间列车、连发列车等。

2. 列车满载率：列车满载率指列车实际载客量与列车定员数之比，编制列车运行图时，既要保证一定的列车满载率，又要留有一定余地，以应付某些不可测因素带来的客流量波动，同时也要考虑乘客的舒适水平。

3. 出入库能力：由于车辆基地与线路车站之间的出入库线有限，加之出入库列车插入正线受正线通过能力的影响。因此，每单位时段通过出入库进入运营线的最大列车数，即出入库能力，是编制列车运行图的一个重要因素。

4. 列车最大载客量：列车最大载客量即一个编组列车按车厢定员计算允许装载的最大乘客数，分为定员载客量和超载客量。

（三）相关因素

1．与其他交通方式的衔接：包括大交通系统如铁路、港口、机场、公路交通枢纽等；城市交通方式如公交线路、车站布置、自行车停放、其他车辆停放等。

2．与大型体育场所、娱乐、商业中心的衔接。这些场所会有突发性的客流冲击城市轨道交通，造成车站一时运力和人力安排的困难。

3．列车检修作业：为保证列车状态完好，需均衡安排列车运行与检修时间，既使每个列车均有日常维护保养时间，又使各列车日走行公里数较为接近。

4．列车试车作业：检修完的列车除了在车辆基地试验线试车外，某些项目有可能在正线上试车，此时需在运行图编制时考虑周全。

5．驾驶员作息时间：根据驾驶员作息制度、交接班地点与方式、途中用餐等因素，均衡安排各个列车的运行线。

6．车站的存车能力：线路上的车站大多数无存车线，在终点站、区间个别车站设有停车线，可存放一定数量列车，在日常运行时可作为停车维护用，在夜间可存放列车减少空驶里程，均衡早上运营发车秩序。

7．电动列车的能耗：在计算、查定电动列车的各区间运行时分时，要协调区间的运行等级、限速与给电时间的关系，尽可能使之达到最佳。同时也要使同一区段同时启动的列车最少。

四、列车运行图的编制原则

1．在保证安全可靠的条件下，提高列车的运行速度，缩小列车的运行时分。列车运行速度高是城市轨道交通系统的主要优势，在安全得到保证的前提下，通过提高列车运行旅行速度，压缩折返时间，减少出入库作业时间等方式，提高系统的运行效率和服务水平。

2．尽量方便乘客：城市轨道交通系统是城市公共交通的重要组成部分，编制运行图时主要考虑列车发车间隔在满足运行技术前提下尽量选择最小值，从而减少乘客的候车时间。在安排低谷运行时，最大的列车运行图间隔不宜过大。如能改变列车编组，保持较小列车间隔，不失为一种节省运能并减少乘客候车时间的良策。

3．充分利用线路的能力和车辆的能力。通常情况下，折返站的折返能力是限制全线能力的关键，因此必须对折返线的折返作业时间进行精确的计算，尽可能安排平行作业。当车辆周转达不到运营要求时，要合理安排车辆解决高峰客流组织。

4．在保证运量需求的条件下，运营车数达到最少。在保证运量需求的条件下，综合考虑高峰时段列车运行速度、折返时间、列车开行方式等要素，使运营列车数量达到最少，从而降低系统的车辆保有量与运营成本。

五、列车运行图的编制步骤

在新线开通或线路客流量、技术设备和行车组织方式发生变化时都需编制列车运行图。其编制步骤如下：

1．按要求和编制目标确定编图的注意事项；

2．收集编图资料，对有关问题组织调查研究和试验；

3．对于修改运行图应总结分析现行列车运行图的完成情况和存在问题，提出改进意见；

4．确定全日行车计划；

5. 计算所需运用列车数量；

6. 计算所需运用列车与草图；

7. 征求调度部门、行车和客运部门、车辆部门的意见，对行车运行方案进行调整；

8. 根据列车运行方案铺画详细的列车运行图、列车运行时刻表和编制说明；

9. 对列车运行图的编制质量进行全面的检查，并计算列车运行图的指标；

10. 将编制完毕的列车运行图、时刻表和编制说明报有关部门审核批准执行。

六、列车运行图的指标计算

（一）列车运行图编完后，必须对运行图的编制质量进行全面的检查。检查的主要内容有

1. 运行图上铺画的列车数和折返列车数是否符合要求；

2. 列车运行线的铺画是否符合规定的各项时间标准；

3. 列车在车站折返时，同时停在折返线的列车数是否超过该站现有的折返线数；

4. 换乘站的列车到发密度是否均衡；

5. 列车乘务员的工作和休息时间是否符合规定的时间标准。

（二）在检查并确认运行图完全满足规定的要求后，接着就可计算运行图的各项指标

1. 列车列数和折返列数

2. 旅客输送能力

计算公式为：

$$旅客输送能力 = 旅客列车数 \times 列车定员$$

3. 高峰小时运用列车数

按早高峰和晚高峰分别计算。

4. 全日车辆总走行公里

全日车辆总走行公里是轨道交通车辆为运送乘客在运营线路上所走行的里程，它包括图定的车辆空驶里程和由于某种原因列车在中途清人或列车在少数车站通过后仍继续载客的车辆空驶里程。

计算公式：

$$全日车辆总走行公里 = \sum （旅客列车数 \times 列车编成辆数 \times 列车运行距离）$$

5. 车辆日均走行公里（称日车公里），即每一运用车辆每日平均走行公里数。

计算公式为：

$$车辆日均走行公里 = 全日车辆总走行公里/全日车辆运用数$$

其中全日运用车辆数可近似地取早高峰小时的运用车辆数。

6. 车辆全周转时间

计算公式为：

$$车辆全周转时间 = 全日营业时间 \times 运用车组数/全日开行列车对数$$

7. 车辆周转时间

车辆周转时间与车辆全周转时间指标的区别在于：车辆在运营线路上完成一次周转所消耗的时间中不包括回库检修等时间。

8. 技术速度

9. 旅行速度（又称运送速度）

10．满载率

（三）为了进一步评价新运行图的质量，除计算新运行图的各项指标外，并应与现行运行图进行比较，分析各项指标提高或降低的主要原因。列车运行图经最后批准后，为了保证新图能够正确和顺利地实行，必须在实行新图之前做好下列准备工作：

1．发布实行新图的命令；

2．印刷并分发列车时刻表；

3．拟定保证实现新图的技术组织措施；

4．组织学习，使职工了解、熟悉新图规定的要求；

5．根据新图的规定，组织各站段修订《行车工作细则》；

6．做好车辆和司乘人员的调配工作。

包括列车列数、能力、运营里程、周转时间、旅行速度、技术速度等。

第二节 行车调度工作

城市轨道交通行车调度工作由调度控制中心实施，实行高度集中统一指挥，以使各个环节紧密配合，协调工作，保证列车安全、正点地运行。行车调度工作是城市轨道交通系统的核心，它的好坏直接影响乘客运输任务的完成情况。

一、行车调度工作的基本任务

1．组织指挥各部门、各工种严格按照列车运行图工作。

2．监控列车到达、出发及途中运行情况，确保列车运行正常秩序。

3．当列车运行秩序不正常时，及时采取措施，尽快恢复正常运行秩序。

4．及时、准确地处理行车异常情况，防止行车事故的发生。

5．随时掌握客流情况，及时调整列车运行方案。

6．检查监督各行车部门执行运行图情况，发布调度命令。

7．当发生行车事故时，按规定程序及时向上级主管部门汇报，并采取措施防止事故扩大，积极参与组织救援工作。

二、调度机构及其组成

城市轨道交通系统是一个复杂的、技术密集型的城市公共交通系统。为统一指挥，有序组织运输生产活动，轨道交通系统设立调度控制中心。调度控制中心实行分工管理原则，按业务性质划分若干部分，设置不同的调度工种。如在控制中心通常设有行车调度、电力调度和环控调度等调度工种。

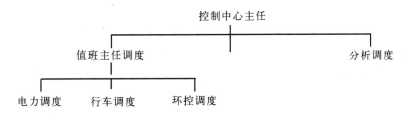

图 2-2 运营调度生产组织系统

三、行车调度员应具备的素质

1. 在具有中等运输专业以上学历，并有实践工作经验的人员中选拔，并经过调度专业知识学习，内容包括：《技术管理规程》、《调度工作规则》、《行车工作细则》、《行车事故处理规则》等。

2. 熟悉人、车、天、地、图等各种和运营有关的情况。

3. 必须熟悉司机、车站值班员等与列车运行有关的作业人员情况，了解他们的工作经历、业务水平、个性和家庭状况，充分调动有关人员的工作积极性。

4. 必须熟悉车辆的技术状态、使用性能和特点等情况。

5. 必须掌握气候变化对客流增减及对列车运行影响的一般规律。

6. 必须熟悉与行车有关的各种技术设备，如线路平纵断面、信号、联锁、闭塞设备、车站折返设备、调度集中设备和通讯广播设备等。

7. 必须熟悉列车运行图、技规、行规、调规等技术文件和有关规章制度。

四、行车调度工作的主要设备及功能

随着科学技术的发展，城市轨道交通系统运行控制设备正逐步向自动化、远程化、计算机化的方向发展，行车调度工作也从人工电话调度指挥方式向电子调度集中和计算机调度集中控制设备发展。

（一）人工调度指挥系统（电话闭塞法）

1. 控制调度中心设备：调度电话、无线调度电话、传输线路。

2. 车站设备：调度电话分机、传输线路。

3. 列车上设备：无线调度电话。

该系统主要由行车调度员通过电话向车站值班员直接发布指令，由车站值班员安排列车进路。通过值班员报点，调度员掌握列车到达、出发信息，下达列车运行调整调度命令，并通过无线调度电话呼叫列车司机，发布调度指令。在该阶段，由调度员人工绘制列车运行图。

（二）电子调度集中系统（自动闭塞法）

1. 调度控制中心设备：调度集中总机、运行显示屏、运行图绘图仪、传输线路等。

2. 车站设备：调度集中分机、传输线路等。

3. 列车上设备：无线调度电话。

电子调度集中设备实现了运行调度指挥的遥信和遥控两大远程控制功能（尚缺遥测这一基础功能）。它的特点是区间采用自动闭塞、车站采用电气集中联锁，并用电缆引接到控制中心。控制中心行车调度员可以直接排列进路，直接指挥列车的运行调整，并通过列车显示屏监控列车运行情况。在必要时，可将列车运行进路排列权限下放给车站，由车站值班员操作。

在电子调度集中情况下，列车进入区间的行车凭证为出站信号机的绿灯显示。如出站信号故障，凭行车调度的命令发车，追踪运行列车间的安全间隔由自动闭塞设备实现。

（三）计算机控制的自动调度设备（ATC系统与CATS系统）

目前，ATC系统已被越来越多的城市轨道交通系统采用。通常，ATC系统由列车自动保护系统（ATP）、列车自动驾驶系统（ATO）、列车自动监控系统（ATS）组成。

1．ATP 子系统

ATP 子系统强制规定列车运行速度，保证前行与后续列车之间的安全行车间隔。

2．ATO 子系统

ATO 子系统能使列车按 ATS 速度进行平稳调速，使列车自动停在车站的正确位置。它是中心 ATS 系统对列车实现自动调整的前提。

3．ATS 子系统

ATS 子系统能监控列车运行状态，实时控制列车运行时刻表。

CATS 是 ATC 系统中央控制中的调度指挥系统，它是一个实时控制系统，由调度控制和数据传输电子计算机、工作站、显示盘和绘图仪等构成，电子计算机按双机热备用配置。

CATS 具有以下功能：

（1）具有运行显示以及人工控制功能。

（2）能发出控制需求信息，并从轨道线路上及信号设备上接受信息。

（3）可由行车调度员人工或自动地将调度指挥信息传递至各集中站 ATC 设备，如停站时间、运行等级等。

（4）实现了列车的动态显示，如列车位置、到站出发时分、车次号等。

（5）存储多套列车运行图，如工作日运行图、双休日运行图、客流组织运行图等。

（6）按当前正在使用的列车运行图调整列车运行。

（7）监控列车运行，调整列车发车时刻，控制列车停站时分和终点站列车折返模式。

（8）非正常情况的报警。

（9）生成、终止运行报告。

（10）记录运行数据信息，提供实时记录的重放。

五、行车调度的调度命令

在组织指挥列车运行过程中，行车调度员按规定在进行某些行车作业时需发布调度命令，表示行车调度员在指挥列车运行过程中发布的对行车作业具有严肃性和强制性的指令。行车调度员在发布调度命令前，应详细了解现场情况，并听取有关人员的意见，调度命令发布后，有关行车人员必须严格执行。

（一）行车调度命令的分类

1．口头命令：在无线录音设备正常状态时，行车调度员发布的行车调度命令均以口头命令下达。口头命令内容为命令号、受令人处所、受令人、命令内容、发令日期、发令时间、发令人姓名及复诵人姓名。

2．书面命令：在录音设备故障停用时，遇列车救援、反方向运行及 ATP 切除运行均需发布书面命令。命令内容同上。

3．口头通知：在日常运行调整时，行车调度员以口头通知下达，口头通知无须命令号，只下达通知内容及受通知人。

（二）书面调度命令的填记标准

1．填记项目：调度命令应填记命令号、受令处所、受令人、命令内容，另外还包括发令日期、发令时间、发令人及复诵人。

2．命令内容：运营指挥过程中如遇限速、区间下人、救援、区间封锁等情况时，根据命令标准格式内容分类填写。如遇其他特殊情况时（即命令超出现有标准格式），应由行车调度员将命令内容手写在"其他命令"表式中。

3. 下达行车调度命令的作业要求

（1）调度命令须行车调度员发布。

（2）下达命令时，命令号每天由 1 至 100 顺序循环使用，每一个循环期间不得漏号、跳号及重号使用。

（3）命令处所为沿线各站及运转部门，填记时采用标准缩写站名。

（4）受令人、发令人、复诵人均须填记全名。

（5）发令日期、发令时间应填记正确无误。

（6）命令内容中空缺的内容应正确填写，做到不随意涂改。如命令内容与格式中虚线字内容吻合时，应及时描写。未描实的虚体字一概作为无效内容并用横线进行删除。

（7）发布调度命令后，应及时将命令表按命令号顺序装订在册，做到不遗漏、不颠倒顺序。

（8）在日常运行过程中如无法及时将书面命令传递给司机时，应适时完成命令的补交手续。

4. 书面命令的标准格式：

（1）区间下人命令：　（受令者：××站并交××司机）

"自＿＿＿＿＿时起，准＿＿＿＿＿（单位）人员＿＿＿＿＿，凭令登乘＿＿＿＿＿次列车，在＿＿＿＿＿站至＿＿＿＿＿站＿＿＿＿＿行区间抢修施工。"

（2）限速命令：　（受令者：××站至××站，×站交运转）

"自＿＿＿＿＿时起，至＿＿＿＿＿时止，＿＿＿＿＿站至＿＿＿＿＿站＿＿＿＿＿行线，列车限速＿＿＿＿＿公里/小时运行。"

（3）救援命令：　（受令者：××站至××站，×站交×司机、×司机）

"自＿＿＿＿＿时起，准＿＿＿＿＿站＿＿＿＿＿行故障列车清客，同时＿＿＿＿＿次，在＿＿＿＿＿站清客后开救＿＿＿＿＿次至＿＿＿＿＿站（站外）与故障车连挂，（牵引/推进）运行至＿＿＿＿＿站（回段/折返线）。"

（4）封闭区间命令：　（受令者：××站并交运转）

"自＿＿＿＿＿时起，至＿＿＿＿＿时止，段（站）发＿＿＿＿＿次至＿＿＿＿＿站（站外/折返线），＿＿＿＿＿站（站外/折返线）至＿＿＿＿＿站（站外/折返线）封闭，准＿＿＿＿＿次凭令进入封闭区间。＿＿＿＿＿次至＿＿＿＿＿站（站外/折返线）后，封闭区间自行解除。"

（5）其他命令：　（格式自拟）

运行指挥中，如遇其他特殊情况时（即命令内容超出现有标准格式），应由行车调度员将命令内容手写在"其他命令"表中。

六、列车运行调整

为实现按图行车，行车调度员要努力确保列车正点运行，而组织列车正点始发又是列车正点运行的基础。对始发列车，行车调度员应在列车出场、列车折返方式、客流组织等方面进行组织，确保列车正点始发。

在始发站正点始发的情况下，由于途中运缓、作业延误或设备故障等原因，会造成列车运行晚点。此时行车调度应根据列车运行的实际情况，按恢复正点和行车安全兼顾的原则，对列车的运行等级进行调整，尽快使晚点列车恢复正点运行。

列车运行调整的主要方法有：

1. 始发站提前或推迟出发列车。

2. 根据车辆的技术状态、线路允许速度，改变列车运行等级，组织列车提高速度，恢复正点。

3. 组织车站快速作业，压缩停站时间。

4. 组织列车放站运行：行车调度员应严格掌握列车跳停原则：客流较大车站原则上不安排通过，首末班车不安排跳停，不允许办理连续二列车通过同一车站，列车以运行等级速度通过车站，通过车站作业原则上在始发站安排，中途进行放站作业时应提前二站广播通知乘客。

5. 变更列车运行交路，组织列车在具备条件的中间站折返。

6. 组织列车反方向运行：在双线运行时，当一个方向列车密度较大，而另一方向列车密度较小，为恢复列车正点运行，可利用有岔站的渡线，将列车转到密度较小的线路上反方向运行；当一方向由于列车故障救援等原因可能造成大间隔时，可利用有岔车站的渡线，将列车转到另一条线路上反方向运行，以缩小列车间隔，均衡运行。

7. 扣车：当一条线路的列车由于车辆或其他设备故障引起运行不正常，造成乘客拥挤时，调度员可采取扣车措施，将列车扣在附近车站，以缓和压力确保列车间隔。

8. 停运列车：当线路某区段中断，已不能满足在线列车运行时，调度员可适当抽调部分列车下线，拉大列车时间间隔运行。

七、行车调度分析工作

行车调度分析工作是指对列车运行图进行综合分析，找出行车秩序不正常的原因，寻找规律性的因素以供修改列车运行图，完善各方面工作，并进行质量指标考核的工作。

（一）行车调度工作考核指标

1. 列车运行图的兑现率

它是指实际开行列车数（不包括临时加开的列车数）与列车运行图计划开行列车数之比。

$$列车运行图兑现率 = 实际开行列车数/计划开行列车数 \times 100\%$$

2. 列车正点率

它是指按列车运行图车次、时间正点开行列车数与全部开行列车数之比。

$$列车运行正点率 = 正点运行列车数/全部开行列车数 \times 100\%$$

列车正点率包括列车始发正点率和列车到达正点率。列车正点统计的标准是：

（1）凡按列车运行图图定车次、时间准点始发、终到的列车全部统计为正点列车数。早点或晚点不超过2分钟的按正点统计；临时加开列车按正点统计。

（2）由于客流变化而抽调部分列车或加开列车，调度员采取措施对部分列车调点时，该部分列车按正点统计。

（3）列车到、发、通过时刻的确认：

1）到达时刻：以列车在规定位置停稳为准。

2）出发时刻：以列车由车站（包括车场规定发车地点）前进启动时为准。

3）通过时刻：以列车最前部通过站线规定位置时为准。

3. 平均满载率

它是指单位时间内，车辆运能的平均利用率。

平均满载率＝日客运量×平均运距/输送能力×线路长度×100%

（二）运行图分析

1. 日运行图分析

一般情况下，由当班调度员进行分析，对列车运行计划完成情况、车辆运用情况、检修施工情况、电力运行情况、环控运行情况进行统计，并对列车晚点原因分类说明。

2. 旬运行图分析

旬运行图分析是由调度所分析调度员在日常日运行图分析的基础上，对列车运用、走行里程、正点率、计划兑现率及调度调整手段的分析。

3. 月运行图分析

月运行图分析是在调度所主任的主持下，对列车运用、走行里程、正点率、计划兑现率、运营里程、空驶里程、技术速度、旅行速度、行车事故次数等指标的分析。

4. 特殊项目分析

如一段时间内，列车运行正点率持续较低，就应该对列车运行正点率作为特殊项目进行分析，找出列车晚点原因（如设备影响、客流大、运缓、天气不好、司机操作水平差等）。

第三节　列车运行组织

列车运行组织是城市轨道交通运营管理的中心工作。城市轨道交通通常被称为是一个大的联动机，因为它是集行车、车辆、机电、通讯、信号、工务等等各工种、技术一体化运转的系统，系统中的任一环节出现问题，都可能对整个系统的正常运转带来严重的后果，而整个系统的正常运转则集中体现在列车的运行组织工作中，它是保证将乘客由出发站安全、准时、快捷地运送至目的地站的关键。

一、列车交路计划

列车交路计划是根据运营组织的要求及运营条件的变化，按运行图或由调度指挥列车按规定的区间运行、折返的列车运行计划。列车交路计划的确定应从经济合理的角度出发，既要保证满足乘客需求又要考虑如何充分利用运能，以提高企业经济效益，并且列车交路计划的编制是城市轨道交通行车组织的关键点之一。

（一）列车折返方式

在介绍列车交路计划前，这里先引入列车折返的概念，列车通过进路改变、道岔的转换，经过车站的调车进路由一条线路至另一条线路运营的方式称为列车折返，具有列车折返能力的车站称为折返站。列车折返有站前折返和站后折返两种方式：

1. 站前折返：列车在中间站或终点站利用站前渡线进行折返作业。站前折返方式由于渡线设置在站前，可以在一定程度上减少项目建设的投资，缩短列车走行距离，但列车折返会占用区间线路，从而影响后续列车闭塞，并且对行车安全保障要求较高。城市轨道交通行车组织中较少采用这种折返模式，特别是当行车密度高、列车运行间隔短的条件下，一般不会采用站前折返方式。

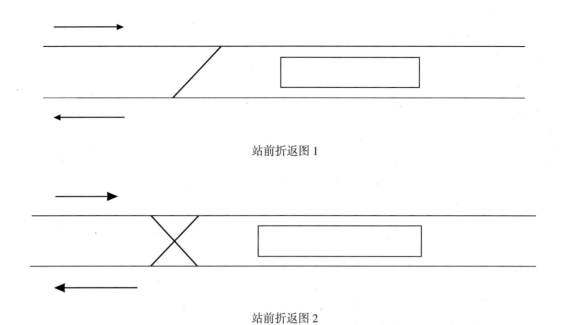

站前折返图 1

站前折返图 2

2. 站后折返：列车在中间站、终点站利用站后渡线进行折返作业。站后折返方式车站接发车采用平行作业，不存在进路交叉，行车安全，有利于提高列车的旅行速度，为国内外城市轨道交通通常采用的折返方式。

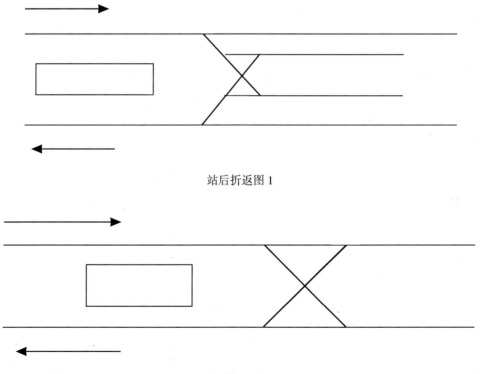

站后折返图 1

站后折返图 2

（二）列车交路的种类

传统上将列车交路分为长交路、短交路和长短交路三种。长交路是指列车在两个终点站进行折返运行。长交路具有对中间站折返线路要求不高、行车组织运行方式简单的优点，但不考虑区段客流量不均衡的因素，合理利用运能方面有所欠缺。短交路是指列车在指定的折返站折返，在一段区间内运行。在城市轨道交通的运营组织中除特殊情况下一般不采用此种交路模式。长短交路是指列车在线路运行中结合了长、短交路两种情况的运行模式。长短交路的行车组织方式是比较经济合理的一种运行方案，特别是在区段客流不均衡程度高，造成某一区段运能不能满足运量的需要时，长短交路运营组织方式尤为适用；但这种方式行车组织方式相对较为复杂，同时对客运组织也有较高的要求。

（三）列车交路计划的确定

列车交路计划的确定应建立在对线路各区段客流量进行统计分析的基础上，充分考虑行车组织与客运组织的条件，进行可行性研究后加以确定。首先，区段客流分析是列车交路计划确定的主要因素之一，也就是根据客流在时间上、空间上所表现出的不均衡性加以研究分析，作为列车交路计划确定的依据，有关的概念和方法将在其他章节予以详细介绍；其次，行车条件决定了交路计划实现的可能性，城市轨道交通的线路设置由于其运营特点，不可能采取每个车站具备列车进行调车作业功能线路设置方式，交路计划的实现只能在两个设有调车或折返线路的车站之间进行，同时还必须注意列车交路是否会影响到行车组织的其他环节，例如，是否会影响行车间隔、车站后续列车的接车等等；第三，客运组织是列车交路计划确定的必要客观条件，由于列车交路计划的实现可能导致列车终到站的变化，相关车站的乘客乘降作业、列车清客、客运服务工作都会随之不断调整，对客运组织水平的要求比较高，由于客运组织的不力可能会直接影响到列车运行图的执行情况，因此，确定交路计划应对客运组织的条件一并加以考虑。

二、正常情况下的列车运行组织

城市轨道交通由于行车密度高、间隔小、对安全运营要求高的特点，根据信号设备所能提供的运行条件，一般分为调度集中控制、调度监督下的自动运行控制和半自动运行控制三种方式，按照运行图规定的行车计划开行列车，进行列车运行组织。

（一）调度集中控制时的列车运行组织

调度集中控制的行车组织方式，在调度所行车调度员的统一指挥下，利用行车设备对列车的到、发、折返等作业进行人工控制及调整。调度集中控制下的行车组织的指挥人为行车调度员，车站不参与行车组织的工作。调度集中控制应实现的功能有：

1. 应具有电气集中联锁设备，实现远程控制功能，并从设备方面提供列车运行安全保障；

2. 通过控制屏或显示器可监护全线列车运行状态、信号显示、道岔位置及区间、线路占用的情况；

3. 利用电气集中联锁设备转换道岔、排列进路、开放信号，指挥和调整列车运行；

4. 自动或人工绘制列车实绩运行图。

（二）调度监督下的自动运行控制

自动运行控制是当今世界城市轨道交通列车运行组织的发展趋势及主流行车控制方式，许多早期建成轨道交通的城市，由于当时的各方面技术条件的限制，采用半自动和人工方式进行行车组织，近年来已经逐步采用自动运行控制替代。自动运行控制利用计算机技术对列车运行实行自动指挥和自动运行监护，并有列车运行保护系统提高行车安全系数。调度监督下的自动运行控制可实现的功能有：

1. 计算机系统可输入及储存多套列车运行图，可按设定的列车运行图自动实行行车指挥功能；

2. 对正线运行列车实行自动跟踪，显示进路、道岔位置、区间及线路占用情况；

3. 可自动或人工对列车运行进行调整，可使用人工对进路排列、信号开放、道岔转换进行控制；

4. 提供中央及车站两级运行控制模式，可根据需要进行控制权转换；

5. 列车运行自动保护系统对列车运行设定防护区段，控制前后列车运行的安全间距；

6. 列车可使用自动驾驶功能，也可采用人工驾驶，列车占用区间的凭证是列车收到的速度码；

7. 通过计算机系统自动绘制列车实绩运行图，并进行有关运营数据统计。

（三）调度监督下的半自动控制

这种列车运行组织方式是在中央调度所统一指挥和监督下，由车站行车值班员操作车站电气集中或临时信号设备控制列车运行。在一些早期建成的城市轨道交通至今仍采用这种列车运行组织方式，在一些新线上，由于信号系统尚未安装调试完毕，在过渡期运营时也会采取这种方式进行行车组织。调度监督下的半自动控制可实现的功能有：

1. 车站信号控制系统具有联锁功能，对进路排列、道岔转换、信号开放实行人工操作；

2. 中央可实时反映进路占用、信号及道岔等工作状态，对线路上的列车运行进行监护；

3. 中央可储存信号开放时刻、道岔动作、列车运行等各类运行资料，并根据需要可调用；

4. 车站根据中央指令对列车运行进行调整；

5. 计算机自动绘制或人工绘制列车实绩运行图。

三、非正常情况下的列车运行组织

非正常情况下的列车运行组织是相对上述正常情况下的列车运行组织而言的，也就是在基本列车运行控制方式由于信号故障、道岔故障等原因而不能继续采用原行车控制方式的情况下的列车运行组织。电话闭塞法是在非正常情况下列车运行组织所采取的基本方法。电话闭塞法可以定义为：车站之间利用电话办理区间闭塞，利用电话记录号码作为列车占用区间的凭证，组织列车按一定区间间隔的要求进行行车。

电话闭塞法行车由于依靠人工控制，安全保障程度较差，行车组织的效率低，所以只能作为一种临时代用闭塞法。在非正常情况下改用电话闭塞法行车，应有行车调度员发布调度命令，车站行车值班员严格按照规定的作业办法办理行车业务，行车调度员对列车运行状态进行监控。使用电话闭塞法行车，占用区间的凭证是路票，电话记录号码是承认闭塞的依据，列车的发车凭证是车站行车人员的手信号。路票标明了列车运行的方向、列车车次、路票的编号、日期及电话记录号码；电话记录号码各站均有一组，号码一经发出，无论生效与否，不得连续重复使用。电话闭塞法行车，为了确保列车运行的安全，规定了列车的运行间隔为双区间，也就是接车站承认闭塞的前提条件是前次列车已由前方站整列出发。当闭塞已经办好，但因故不能接发列车时，可采用闭塞取消，由提出一方发出电话记录号码作为闭塞取消的依据。下面将电话闭塞法的一次作业程序作一介绍：

（一）办理闭塞

发车站在确认区间空闲、发车进路准备好以后，用电话向前方接车站请求闭塞，接车站接到后方站的闭塞请求后，确认接车区间空闲、道岔位置正确、进路准备妥当后，向后方站发出电话记录号码承认闭塞并填写《行车日志》。

（二）发车

发车站在得到前方站闭塞承认后，填写《行车日志》及路票，将路票交列车司机并显示发车手信号发车，列车出发后，发车站行车值班员填写《行车日志》向接车站及行调报点。

（三）接车

接车站接到后方站的列车报开点后，填写《行车日志》，向列车显示停车手信号，列车整列到达后，向司机收取路票并核对路票。

（四）闭塞解除

接车站在确认列车整列由本站出发或进入折返线后，填写《行车日志》并向后方站报点及发出电话记录号码，闭塞解除，同时向行调报点。

对于一些由于特殊情况造成的对原行车组织方式作出重大调整的，也属于非正常情况下的行车组织范畴。如列车救援、因故采用一线一车或分段运行等等，都必须在行调的统一指挥下，在确保行车安全的前提下，组织列车运行。

四、车站行车组织工作

车站的行车组织工作在调度所统一指挥下，合理运用车站的各项技术设备，负责车站行车控制指挥、施工及其他等作业。

（一）车站列车运行控制

车站的列车运行控制根据整个系统的列车运行控制方式的变化而变化。在调度集中控制方式下，车站的行车组织的主要工作是监护列车运营状态，行车值班员可兼做其他工作；在自动控制方式下，车站在除了对列车的运营状态进行监护外，如中央因故放权由车站进行控制，则在有集中控制设备的车站应负责对列车的折返、进路排列等人工作业；在半自动控制方式下，车站负责列车运行控制的工作，人工操作信号设备进行接发车、调车等行车作业，并根据行调指令对列车运行进行调整；在非正常情况下，车站根据调度所的指令，按规定的作业办法要求负责列车在车站接、发、调车等作业。

（二）车站的施工组织

城市轨道交通应制定《施工检修作业管理办法》，并严格按规定办理施工检修作业。总调所负责对申请的各施工检修作业统一编制定期施工计划，并可根据情况分期对施工计划进行调整，并将每周的施工作业计划下发车站。在车站管辖范围内的任何施工均应在车站行车控制室登记，在得到行车值班员的签字确认后方可进行；对影响运营的施工检修作业，例如信号设备检修、道岔检修等作业必须得到总调所的同意后方可进行。车站施工作业的程序叙述如下：

1. 施工登记

施工负责人应在施工开始前规定时间到车站行车控制室要点施工，行车值班员核对施工作业计划，向总调所申请，在得到总调所同意后，由施工负责人填写《施工检修作业登记簿》，行车值班员在确认无误后，签字同意，施工作业开始。

2. 施工注销

施工负责人应在规定的施工作业时间内完成施工检修作业，并到车控室进行施工注销，行车值班员在对施工检修作业后的运营设备进行检测并确认工作状态正常，以及施工场地、人员、工具清后，向总调所报告后签字确认施工注销。

3. 施工延长

因故施工检修作业未能在规定的施工时间内完成，施工负责人应在规定施工结束时间前的规定时间至车控室申请施工延长，行车值班员应立即向总调所汇报，总调所同意后，应先对原施工进行注销，重新进行施工登记后方可开始进行。如施工延长未得到总调所的同意则施工按原规定时间结束并注销。

4. 异地注销

施工作业登记开始与注销不在同一车站办理称为异地注销。异地注销施工在进行施工登记时应向车站说明情况并由车站向总调所汇报，得到同意后，由登记站行车值班员电话通知注销站对施工同时进行登记；施工结束，施工负责人在注销站办理施工注销，车站行车值班员向总调所汇报并通知登记站同时对施工进行注销。

车站为确保行车安全应建立健全各类行车作业、管理的规章制度，这些制度包括了车站行车控制室的管理、交接班制度、行车值班员岗位责任制、道岔保养制度等等，对车站的行车组织工作进行规范管理，确保行车安全。

（三）接、发列车组织工作

前面已对各种控制方式下的车站行车指挥做了简要介绍，这里将对具体的接、发列车的作业步骤、程序作详细叙述。

1. 调度集中控制和行车自动化控制

在调度集中控制状态下，列车的接发车进路办理、信号开放等作业均由行车调度员控制，进行列车运行调整；行车自动化控制下，列车的运行完全由计算机根据事先的设定自动指挥列车运行。因此，在上述两种情况下，车站的接、发车的主要工作是通过车站行车控制台对列车的运行情况进行监护，并在调度所不能实施行车组织的情况下，根据调度所指令，利用车站的设备、线路实施车站的行车作业。

2. 调度监督下的车站控制

这是指在行车指挥自动化的情况下，在行车调度员的授权下进行集中站的列车运行指挥。集中站的主要工作是设定列车自动进路、自动信号并根据运行图规定或行车调度员命令办理列车到、开，列车折返、调车、扣车、催发车等运行控制和运行调整。

3. 调度监督下的半自动控制

半自动控制列车运行，每个车站设有行车控制设备，具有联锁功能，列车的运行由车站通过人工操作进行控制，总调所只能监督现场设备和列车的运行状态。车站的接发列车的内容和程序如下：

（1）办理闭塞

发车站通过电话向前方站请求闭塞，接车站确认接车进路准备妥当后按压同意闭塞按钮，接车站、发车站的信号设备接、发口闭塞表示灯显示闭塞同意。

（2）发车

发车站确认发车进路无误，按压发车信号按钮，开放发车信号，同时接车站、发车站接、发口表示灯显示进路锁闭，发车站向接车站、行调报点，填写《行车日志》。

（3）列车到达

列车到达接车站，进路占用表示灯点亮，接车站和发车站接、发口锁闭解除，但仍属于占用状态，接车站向后方站及行调报点，填写《行车日志》。

（4）取消闭塞

因故不能接发列车时，办理闭塞取消手续，接车站按压故障按钮，使接车站、发车站接、发口表示灯恢复空闲显示。故障按钮属加封按钮，使用故障按钮须进行破封并在车站《破加封登记簿》上登记。

4. 电话闭塞法行车

车站接发列车作业已在前面有详细叙述。

第四节 行 车 规 章

一、行车组织规则

（一）《行车组织规则》的包含内容

地铁行车组织规则是根据某线信号及有关设备系统运营使用功能和行车设备的配置及实际运营要求而制订的。它是该行车管理基本法规。

1. 介绍行车设备：主要包括车站设置原则、线路铺设要求、轨道、道岔及信号机的设置、列车自动控制系统、通信设备、供电设备、机电设备、车场等。

2. 介绍行车闭塞法：主要包括自动闭塞法、司机双区间闭塞法、电话闭塞法。

3. 列车出入场的有关规定。

4. 列车到发作业的规定。

5. 列车运行的规定：主要包括列车运行方向的规定、列车运行方式。

6. 列车折返作业的规定：主要包括列车折返方法、折返线的使用、渡线折返方法。

7. 列车监控：主要包括车次号的设置及使用规定、列车运行等级的设置、集中站控制、行车调度命令的下达方法及内容。

8. 非常情况下的行车组织：包括列车反方向运行的规定、列车推进运行规定、列车牵引故障车的运行规定、隧道内线路积水时的行车规定、地面站迷雾天的行车规定。

9. 列车救援：列车救援准则、救援连挂车作业规定。

10. 车场内调车作业要求。

11. 运营准备及停营清场的规定：包括运营准备、停营清场要求。

12. 车站、车场行车工作细则及行车调度工作规则的编审。

13. 日常的养护维修、施工及工程车的开行。

14. 其他：包括隧道照明、标志、行车日期的划分、电动列车司机室添乘要求、事故救援队的组织。

（二）编制要求

地铁是技术密集的客运交通系统，它具有高度集中、统一指挥、紧密联系和协同动作的特点。为使各部门、各单位、各工种协调地进行运输生产，更好地为运营服务，必须有一个统一的、科学的《行车组织规则》。

1. 《行车组织规则》是地铁运营管理的基本法规。它规定了各部门、各单位在从事运营生产过程中，必须遵循的基本原则、工作方法、作业程序和相互关系，因此，编制时必须使规程具有普遍性、全面性、原则性。

2. 《行车组织规则》需明确地铁运营工作人员的主要职责和必须具备的基本条件，并对工作流程作原则性说明。

3. 各部门、各单位制订的有关技术业务方面规程、规则、细则和办法等都须符合《行车组织规则》。

4. 《行车组织规则》将随着地铁的不断发展、线路的不断延伸、信号管理模式的改变，不断充实和完善。

5. 《行车组织规则》解释权属批准颁发单位。

二、车站行车工作细则

《车站行车工作细则》是根据《行车组织规则》制订的具体指导车站行车工作的工作细则。

（一）主要内容

1. 车站概况：包括车站的位置、性质、等级和任务。

2. 技术设备：包括股道、信号及闭塞、客运设备、自动售检票系统设备、通信、照明、供电等设备。

3. 车站行车组织工作：正常运营期间车站行车工作、非正常情况下车站行车办法。

4. 检修施工管理。

5. 车站运输组织工作。

6. 行车备品管理。

7. 行车簿册填记要求。

8. 设备故障时车站广播宣传的规定。

（二）《车站行车工作细则》的编制要求

1. 编制时应以《行车组织规则》为依据，细则中的规定不能与行车组织规则的条款相违背，否则细则中的规定为无效。

2. 《车站行车工作细则》的编制应以车站实际情况出发，制订的条款需符合车站工作要求，并对车站工作具有指导作用。

3. 《车站行车工作细则》的编制内容应是《行车组织规则》规定在车站工作的具体细化，并对行车组织规则车站规定做补充。

三、行车调度工作规则

行车调度工作是地铁运输组织指挥系统的中枢，担负着日常行车指挥工作，组织各部门、各单位正确执行列车运行图，并编制安排地铁各施工检修作业，保证完成地铁各项运输生产任务。为此调度指挥工作必须有一个科学的、统一的、行之有效的行车调度工作规则。

（一）行车调度工作规则主要内容

1. 总则

2. 行车调度的组织机构、职责范围和工作制度

3. 行车调度设备

4. 日常调度工作

5. 调度命令

6. 中央 ATS 操作

7. 非正常情况下的列车调整

8. 运行记录、图表

9. 运营分析及信息传递

10. 调度员的培训工作

（二）行车调度工作规则的编制要求

1. 编制时应以《行车组织规则》为依据，任何规定都不应与行车组织规则的条款相抵触。

2. 在行车调度工作中，对调度工作具有指导作用并总结多年行车调度工作的经验编制而成。

3. 行车调度员及有关行车人员必须认真学习执行。

四、其他有关行车工作的规章

交接班制度：为保持调度工作的连续性，应建立完善交接班制度。内容应包括：列车运行、车辆设备等运输情况及有关文件、命令、指示等事项。接班人员要提前到岗了解情况，接班前十分钟由调度主任主持接班会议，布置有关行车事项，并提出本班工作重点，明确完成任务的措施。

第三章 城市轨道交通客运管理

轨道交通为城市提供了一种大容量、运送速度较快的交通工具，轨道交通的根本任务是运送乘客，与其他公共交通相比较，具有客流量人、以车站为集散地、线路固定的特点。因此为完成轨道交通运送乘客的任务，客运工作是轨道交通运营管理工作的一项重要内容，为乘客提供安全、迅速、便捷、舒适的服务是各轨道交通管理企业的宗旨。

本章将主要介绍轨道交通客运有关车站设备、设施、轨道交通客流的特点及客流组织等轨道交通客运服务工作的主要内容。

第一节 车站设备设施

一、车站的构造及类型

（一）车站的构造

车站是轨道交通客流的集散地，一般由出入口及通道、站厅层、站台层、设备用房、管理用房、生活用房等几部分构成。但也有些简易车站无站厅层。

1. 出入口及通道：它是车站的门户。其主要作用是集疏客流，供乘客换乘其他交通或有轨交通之间的换乘之用。也有些出入口及通道，还兼有行人过街的作用。一般在设计之初都会选择靠近地面交通集疏点、著名建筑物、商业区、住宅区等客流繁忙的但相对隐蔽之处。

为方便乘客及疏散客流，一个车站都有多个出入口，一般不少于 2 个。

2. 站厅层：它是换乘列车的中转层，其主要作用是集疏客流，为乘客提供售、检票等服务。在站厅层的两端一般设有设备用房、管理用房及生活用房。站厅层一般分为收费区和非收费区。根据客流的大小，在不影响客流集散的同时可以设置商业用房。

3. 站台层：它是最直接体现车站功能的层面，其主要作用是供列车停靠、乘客候车及上下列车之用。站台的大小取决于运期预测的高峰小时的客流量。在站台层也设有设备用房及管理用房。一般不设生活用房，因站台直接与股道相接，如无屏蔽门，则安全性较差。

4. 设备用房：其主要作用是安置各类设备、进行日常维修及保养设备之场所。主要分为环境控制机房、事故风机房、通信机械室、信号机械室、通信测试室、环控电控室、消防泵房等。

5. 管理用房：是车站工作人员的办公用房。它包括车站控制室、站长室、票务室、办事员室、降压值班室及警务办公室等。

6. 生活用房：是车站工作人员的日常生活用房。包括更衣室、休息室、茶水间、厕所等。一般设计时，只考虑给工作人员使用，容量较小，故不对外开放。

（二）车站的类型

1. 按车站客流量大小可分为：

（1）大车站：高峰每小时客流量达3万人次以上。

（2）中等车站：高峰每小时客流量在2~3万人次。

（3）小车站：高峰每小时客流量在2万人次以下。

2. 按车站的运营功能不同可分为：

（1）终点站即始发站：设置在线路两端终点的车站。除具有换乘的基本功能之外，还可供列车折返、停留和临时检修之用。

（2）中间站：其主要作用就是供乘客换乘。但有些中间站还设有折返线、渡线、存车线等，以便在列车故障时能快捷有效地进行列车调整，尽快恢复正常的列车运行秩序。

（3）换乘站：设置在两条及两条以上的有轨交通线路交叉点的车站。其最大的特点是乘客可在计费区内从一条线路换乘到另一条线路。在最大程度上，节省了乘客出站、进站及排队购票的时间，为乘客换乘提供方便。

3. 按车站设置的位置可分为：

（1）地下站：由于地面建筑已固定，或是要节省地面空间，埋藏于地下。车站通过出入口及通道吸引客流。其中按埋藏深度又可分为，浅埋式车站和深埋式车站两种。其造价比地面站高得多。

（2）地面站：设置在地面层。地面车站造价比较低，但占用地面空间，其缺点是造成轨道交通线路所经过的地面区域分割，所以，一般在城乡结合部采用此类型的车站。

4. 按车站站台型式可分为：

（1）岛式站台车站：优点是站台面积可以得到充分利用，管理集中，车站结构紧凑，设备使用率高，乘客换乘方便等。

（2）侧式站台车站：优点是列车进站无曲线，运行状态好。站台的横向扩展余地大，双向乘客上下车无干扰，不易乘错方向。（岛式站台车站与侧式站台车站正好互补。）

（3）混合式站台车站：既有岛式站台，又有侧式站台的混合形式。

二、车站服务设备、设施

轨道交通作为快速的大容量交通体系，在现代化的城市公共交通中起着相当重要的作用。轨道交通车站，作为供乘客乘降的场所，也是主要为乘客提供服务的场所，其服务于乘客的设备、设施主要有导向系统、广播系统、售检票系统、照明系统、火灾防护系统、车站站台屏蔽门系统、车站通风与噪声控制系统、车站空调系统。

（一）导向系统

它包括各类导向标志、禁令标志及其他设备、设施标志。

1. 导向标志是引导乘客乘坐列车或向乘客指示服务设施所设置的各类标志。主要有示意各出入口、公交站点的标志、自动或人工售票的标志、进出计费区的标志、乘客方向及站点分布的标志、紧急出口标志、公用电话标志及车站周边示意图等。

2. 禁令标志是指限制乘客某些行为的标志。主要有禁止吸烟标志、禁止携带易燃易爆物品标志、严禁跳下站台、进入隧道的标志等。

3. 其他设备设施标志还包括服务于普通乘客的自动扶梯标志；为盲人提供方便的盲道及供残疾人专用的无障碍通道与垂直电梯的标志、公用电话、厕所等设施的标志。

（二）广播系统

车站出入口及通道、站厅、站台、车站用房一般均设置广播，主要用于向乘客提示列车运行有关信息、乘车有关提示以及发生非常情况后有关信息的发布和组织、引导乘客。

（三）售检票系统

是指为乘客提供售票和检票服务的一系列相关设备。目前国内采用的售检票设备有人工售检票和自动售检票两种系统。

1. 人工售检票系统

人工售检票系统是单一的采用纸制车票作为介质，通过人工出售，人工检验票，人工统计的一种售检票系统。其特点是设备比较简单、车票单一、投资成本低；分段计费效果差、不利于在复杂的轨道交通网络中应用；运营成本大，不利于统计和分析。随着轨道交通的发展将逐步为自动售检票代替。

2. 自动售检票系统

自动售检票系统是通过计算机集中控制的，以磁卡及非接触器或 IC 卡为介质的一种售检票方式。

自动售检票设备通常由自动售票机、半自动售票机、自动检票闸机、车站和中央控制计算机组成。为方便乘客购买车票，有的轨道交通收费系统还使用了具有良好图像界面，可以接受硬币、纸币、信用卡和 IC 卡等多种支付手段的接触式自动售票机。

根据技术制式的不同，自动售检票设备主要有以下三种系统：

（1）磁卡型自动售检票系统

磁卡车票上涂有两种磁粉物质，一条为磁卡密码、编号等不变信息，另一条为车资、进站地点和时间等可变信息。磁卡车票可作为单程票、多程票、储值票等使用种类。磁卡型自动售检票系统设备较复杂，购置和维修费用较高。磁卡车票密码的破译、伪造较容易，安全性稍差。

（2）接触式 IC 卡型自动售检票系统

接触式 IC 卡上嵌装了集成电路芯片，信息载体是集成电路，读写器为电子设备。接触式 IC 卡型自动售检票系统设备购置费用较低，与磁卡相比，接触式 IC 卡具有存储信息多、使用寿命长、保密性能好和防卫、防伪能力强等优点。

（3）非接触式 IC 卡型自动售检票系统

非接触式 IC 卡上嵌装了集成电路芯片和环行线圈，读写时无接触、无磨损，只要读写器距离在 10cm 内，读写设备就可准确读写卡中信息，并且电磁波信息还可透过非金属材料。

非接触式 IC 卡型自动售检票系统读写方便，有助于提高自动检票口的通过能力。

（四）照明系统

包括正常照明和应急照明。

由于轨道交通车站大部分为地下车站，且运营时间较长。因此，地下车站及地面车站夜间照明均由车站正常照明提供照明；应急照明是为了车站正常照明发生故障时，为疏散乘客提供必要的照明，通常由蓄电池提供，当正常照明失电同时应急照明立即启用，一般可维持半小时左右。

（五）火灾防护系统

由火灾监控系统、报警系统和灭火系统组成。

火灾监控系统是由灵敏的光感、温感、烟感、红外线反应的传感器和自动巡检及显示元件组成。它主要是在第一时间内，将探测器检测到的火灾情况及时传输给报警系统和自动灭火系统。自动报警系统以灯光信号和报警铃声及时反映到控制面板，提示值班人员。而自动灭火系统在得到信号后，切断所有可能有助于燃烧的工作设备，如空调、通风机组的电气线路。同时，接通消防专用设备的工作电路，启动有关消防设备，如排烟风机、防烟垂壁、管道排烟阀。关闭电动防火门、防火卷帘门，接通火灾事故照明灯、疏散标志灯等。

火灾防护系统在最大程度上减少了火灾带来的财产损失和人员伤亡，是轨道交通车站必不可少的设备设施。

（六）车站站台屏蔽门

这是设在站台边缘，把站台区域与列车运行区域相互隔开的设备。当隧道无车及列车进站时处于关闭状态。列车停稳后，由司机一人全程操作开启列车门及屏蔽门。乘客上下车结束后，车门与屏蔽门同时关闭。

屏蔽门的优点：首先，保证了候车乘客的人身安全，最大限度防止了可能出现的各类人员意外伤亡。其次，节省了人力资源，即在站台无需设置人员接发列车。再次，节约了车站空调能源，降低了列车噪声对乘客的干扰，环境更加适宜。

（七）车站通风与噪声控制系统

某些轨道交通车站设置在地表以下，无法采用自然通风。为了满足人们在车站内正常活动的环境需要，在地下车站必须设置车站通风系统，其主要作用是为车站提供足够的新鲜空气、排除废气和有害气体，改善车站的乘车环境，为乘客创造一个舒适的空间。

噪声是轨道交通的一大缺点。列车在高速运行时轮对钢轨的摩擦是主要噪声源，尤其是高架轨道交通此类问题更为突出。目前，除了对车辆构造及轮轨作用体系方面作出改进以外，地下轨道交通采取的主要措施是在站台顶部、车站范围的隧道侧墙、站台下部轨道旁设置吸声板以及安装站台屏蔽门。而高架轨道交通主要是在线路沿线布置防噪墙等。

（八）车站空调系统

为了使地下车站有一个较舒适的乘车环境，除了配备必要的通风设备以外，还必须通过强制手段使车站内部的气温保持在一个适宜的状态，而这种强制手段就是车站空调系统装置。车站空调为车站内部源源不断地输送经过处理的空气，使之与车站内部其他空气进行热、湿交换，并将完成调节作用的空气排出，来保持车站内稳定的湿度和温度要求。

第二节 客 流 组 织

一、车站设置与客流组织的关系

（一）客流组织

轨道交通主要通过合理的客流组织来完成其大容量的客运任务。客流组织是通过合理布置客运有关设备、设施以及对客流采取有效的分流或引导措施来组织客流运送的过程。客流组织的主要内容包括：车站售、检票位置的设置、车站导向的设置、车站自动扶梯的设置、隔离栏杆等设施的设置以及车站广播的导向、售检票数量的配置、工作人员的配备、应急措施等。轨道交通客运工作的特点决定客流组织应以保证客流运送的安全，保持客流运送过程的畅通，尽量减少乘客出行的时间，避免拥挤，便于大客流发生时的及时疏散为目的。

影响客流组织的因素较多，不同类型的车站其客流组织的内容有着较大的区别，中小车站的客流组织比较简单，而大车站、换乘站因客流较大、客流方向比较复杂，其客流组织也比较复杂。侧式站台的车站相对于岛式站台的车站，侧式站台的车站容易将不同方向的客流分开，但不利于乘客的换乘，售、检票设置较分散，不利于车站管理。

（二）车站的设置与客流组织的关系

轨道交通车站的选址、布置、规模等对其运营效果具有决定性的意义。优良的车站建筑既为乘客提供安全、便捷、舒适的乘降条件，又能吸引更多的客流，获得更好的运营效益。同时可以美化城市景观，以取得经济、社会和环境的综合效益。

轨道交通车站的设置，一方面要考虑客流的吸引，站距不能过长。另一方面要考虑保持一定的行驶速度，站距不能过短。轻轨线路的站距一般在 500~1000m，地铁线路的站距一般在 1000~1500m 之间。市区的站距应当小一些，市郊可以相对大一些。

轨道交通车站的规模应能满足远期预测客流集散量的需求，并设置与之相适应的出入口数，以方便乘客出入。车站的大小在很大程度上取决于站台的长度，而站台应满足远期预测客流的要求，且站台的宽度取决于高峰小时的客流量。

轨道交通的选址、规模在轨道交通建设时已经确定，一般不能再改变，出入口及通道宽度、站厅及站台的规模一般在建设时根据预测客流量确定，在运营管理中如何正确设置售、检票位置，合理布置付费区，进行合理的导向对客流组织起着很重要的作用。在布置时一般要以符合运营时最大客流量，保持客流的畅通为原则，因此一般按以下要求进行布置：

1. 售、检票位置与出入口、楼梯应保持一定距离。售、检票位置一般不设置在出入口、通道内，并尽量保持与出入口、楼梯有一定的距离，从而保证出入口和楼梯的畅通。

2. 保持售、检票位置前通道宽敞。售、检票位置一般选择站厅内宽敞位置设置，以便于售、检票位置前客流的疏导，售、检票位置应适当保持一定距离，避免排队时拥挤。

3. 售、检票位置根据出入口数量相对集中布置。因轨道交通车站一般有多个出入口，为了减少乘客进入车站后的走行距离，一般设置多处售、检票位置，但过多设置售、检票的位置容易造成设备使用的不平衡，降低设备使用效率，并且不利于管理，因而售、检票位置应根据车站客流的大小相对集中布置。

4. 应尽量避免客流的对流。客流的对流减缓了乘客出行的速度，同时也不利于车站的管理。因此车站一般对进出客流须进行分流，进出车站检票位置分开设置，保持乘客经过出入口和售、检票位置的线路不至于发生对流。

二、车站大客流的组织

轨道交通线路的走向一般都是客流集中的交通走廊，连接着重要的客流集散点，如铁路车站、汽车客运站、航空港、航运港等交通枢纽，大型商业经济活动中心、体育场、博览会、大剧院等重要文体活动中心，以及规模较大的住宅区等。正因如此，某些特殊车站会不定期地遇到大客流。为了保证乘客的安全和正常的运营秩序，这些车站在客流组织方面应备有完善的运营组织方案和措施。在一定程度上这些方案、措施补救了硬件设施的缺陷。

（一）大客流的定义

大客流是指车站在某一时段集中到达的，客流量超过车站正常客运设施或客运组织措施所能承担的流量时的客流。大客流一般在大型文体活动散场时或重要枢纽节假日期间发生。

（二）大客流的组织

大客流的组织应在保证疏散客流安全的前提下，尽快地疏散客流，大客流组织的主要措施包括：

1. 增加列车运能。根据大客流的方向，在大客流发生时，利用就近的折返线、存车线组织列车运行方案，增加列车运能，从而保证大客流的疏散。列车的运能是大客流组织的关键。

2. 增加售、检票能力。售、检票能力是大客流疏散的主要障碍，车站在设置售、检票位置时应考虑提供疏散大客流的通道。在大客流疏散时，可采取事先准备足够的车票，在地面、通道、站厅增加设置售票点，增设临时检票位置来疏散大客流。

3. 采取临时疏导措施。在大客流组织中，临时合理的疏导对客流方向进行限制是一项很重要的组织措施。主要包括出入口、站厅的疏导，站厅、站台扶梯以及站台的疏导，出入口、站厅的疏导主要是根据临时售、检票位置的设置，限制客流的方向，来保持通道的畅通和出入口、站厅客流的秩序。站厅、站台扶梯以及站台疏导主要是为了尽量保证客流均匀上下扶梯和尽快上下列车，保证站台候车的安全。疏导措施主要有设置临时导向、设置警戒绳、采用人工引导以及通过广播宣传引导等措施。

4. 关闭出入口或进行进出分流。大客流往往是难以预测的，因此为了保证大客流发生时疏散客流的安全，在难以采用有效的措施及时疏散客流时，可采用关闭出入口或对某部分出入口限制乘客进入车站的措施来阻止一部分客流或延长大客流疏散的时间。

三、客流的特征与调查分析

客流是规划轨道交通网络、安排工程项目建设顺序、设计车站规模和确定车站设备容量的依据，也是轨道交通系统安排运力、编制运输计划、组织行车和分析运营效果的基础。因此，我们要抓住客流变化的特征，通过调查分析将得出的结果运用到工作中，不断地完善、不断地改进使我们的工作计划更贴近实际情况，取得最佳的效果，同时也减少了资源的浪费。

（一）客流的特征

客流是动态流，它随天、时、地的变化而改变，这种变化是城市社会经济活动和生活方式以及轨道交通系统本身特征的反映。

1. 一日内各小时的客流变化

小时客流随人们的生活节奏和出行特点而变化。一般清晨与夜间的乘客最少，上班和上学时段客流达到最高峰，高峰过后渐渐进入低谷，傍晚下班和放学时段客流进入次高峰，午夜客流逐渐趋于均衡。

2. 一周内每日客流的变化

日客流的变化上，例如在双休日，上、下班的两次高峰就不明显，全日客流往往也有所减少。而在连接商业网点、旅游景点的轨道交通线路上，双休日的客流又往往会有所增加。另外，周一与节日后的早高峰小时客流量和周末与节日前的晚高峰小时客流会比一般工作日早、晚高峰小时客流要大。

3．季节性或短期性客流的变化

客流还存在着季节性的变化。例如每年的六月份即梅雨季节和学生复习迎考时期，客流通常是全年的低谷。另外，在旅游旺季，城市中流动人口的增加会使轨道交通线路的客流也随之增加。而短期性客流的激增，通常是因举办重大活动或遇天气骤变引起的。

我们除了从客流的时间分布上找到客流的特征外，还可以从空间分布上抓住客流的特征。

4．各条线路客流的不均衡

各条线路客流的不均衡包括现状客流分布的不均衡和客流增长的不均衡两个方面，它们构成了整个轨道交通网客流分布的不均衡。

5．各个方向客流的不均衡

在轨道交通线路上由于客流的流向原因，各个方向的客流通常是不相等的。在放射状的轨道线路上，早、晚高峰小时的各个方向客流的不均衡尤为明显。

6．各个断面客流的不均衡

在轨道交通线路上由于各个车站乘降人数不同，线路单向各个断面的客流存在不均衡现象是不可避免的。

7．各车站乘降人数的不均衡

在少数线路上，全线各站乘降量总和的大部分往往是集中在少数几个车站上办理。此外，新的居民住宅区形成规模和新的轨道交通线路投入运营，也会使车站乘降量发生较大的变化及带来不均衡的加剧或新的不均衡。

（二）客流的调查分析

客流是动态变化着的，但这种动态变化又是有规律的，可以在实践中了解它、掌握它，并根据客流的动态变化，及时配备与之相适应的运输能力，给乘客提供良好的服务。在运营过程中，要掌握客流在时间、空间上的动态变化规律，必须经常进行各种形式的客流调查。

客流调查问题涉及客流调查的内容、调查地点和时间的确定、调查表格和设备的选用以及调查方式的选择等事项。根据不同的情况和不同的需要，运营轨道交通系统的客流调查种类主要有：

1．全面客流调查

全面客流调查是对全线客流的综合调查，通常也包括了乘客情况抽样调查。这种类型的客流调查时间长、工作量大、需要较多的调查人员。但通过调查及对调查资料进行整理、统计和分析，能对客流现状及出行规律有一个全面清晰的了解。

全面客流调查有随车调查和站点调查两种调查方式。随车调查是在车门处对全天运营时间内所有运行列车的上下车乘客进行调查；站点调查是在车站检票口对全天运营时间内所有在车站上下车乘客进行调查。轨道交通系统采用后者。

全面客流调查的内容通常包括全线客流调查和乘客抽样调查两部分。全线客流调查一般应连续进行二到三天，在全天运营时间内，调查全线各站所有乘客的下车地点和票种情况，并将调查资料以五分钟作为间隔分组记录下来。乘客情况抽样调查通过问卷方式进行，内容包括乘客构成情况调查和某类乘客乘车情况调查二项。乘客构成情况调查通常在车站进行，而某类乘客乘车情况调查可在特定的地点进行。

2. 乘客情况抽样调查

乘客情况抽样调查通过问卷方式进行，内容包括乘客构成情况调查和乘客乘车情况调查二项。

乘客构成情况调查在车站进行，被调查人数取全天在车站乘车人数的一定比例，调查表内容有年龄（老、中、青），性别（男、女），居住地（本地、外地），出行目的（工作、学习、购物、游览、访友、就医、其他）等。该项调查的时间可选择在客流比较正常的运营时间段。

某类乘客乘车情况调查可在月票发售点或其他地点进行，如对持月票乘客进行调查。被调查人数取某类乘客总数的一定比例，调查内容有年龄，性别，职业，家庭住址，到达车站的方式（步行、骑自行车、乘电汽车）和时间，上下车站，下车后到达目的地的方式（步行、骑自行车、乘电汽车）和时间，乘坐列车比过去乘坐电、汽车节省的时间等。

3. 断面客流目测调查

断面客流目测调查是一种经常性的客流抽样调查，根据需要，可选择一或二个断面进行调查，一般是对最大客流断面进行调查，调查人员用目测估计各车辆内的乘客人数。

4. 节假日客流调查

节假日客流调查是一种专题性客流调查，重点对春节、元旦、国庆节、双休假日和若干民间节日期间的客流进行调查。调查的内容包括机关、学校、企业等单位的休假安排，都市旅游业、娱乐业的发展程度，城市居民生活方式的变化等。该项调查一般是通过问卷方式进行的。

第三节　客运服务

城市轨道交通工具作为一种现代化的交通工具，虽然是一个庞大和复杂的系统，但直接面对广大乘客就是轨道交通的客运服务工作，客运服务工作是直接反映轨道交通系统运营管理水平的重要标志之一，也是反映城市文明程度的一个窗口。

一、客运服务流程

服务可定义为具有无形特征的一种或一系列活动，通常发生在顾客同服务提供者及其有形的资源、商品或系统相互作用的过程中，以便解决消费者的有关问题。地铁的服务是为广大乘客提供安全、便利、舒适、快捷的乘车、候车环境。

（一）引导乘客进站：在地铁各出入口设立明显的导向标志，方便乘客识别并根据导向指示进站乘车。在一些轨道交通比较发达的城市，几乎每隔500m即有一个明显的导向标志，便于乘客选择各出入口进站。

（二）问讯服务：车站的问讯服务可分为有人式服务和无人式服务，车站的工作人员应向问讯的乘客提供服务，但随着时代的发展，车站的问讯服务向自助式服务方向发展，车站设置计算机查询平台，可供乘客对出行线路、票价以及各类票卡的金额查询等功能。

在一些城市，已经采用了用自动售票机实现售票和部分问讯功能一体化的设备。

（三）售检票服务：目前，世界各国城市的提供售票服务的主要形式是人工发售或自动为主、人工为辅的方式，而且后者已经成为轨道交通售票服务的主流形式，采用自动售检票系统替代人工，可以提供更为准确的售票服务，提高服务效率和水平，并从长远发展角度来看，也可以提高企业的经济效益。

（四）组织乘降：站台应设有明显的候车安全线，提示乘客在列车未进站停稳、车门未完全打开之前，不要越过安全线，以防发生意外事件。目前，个别城市已经采用屏蔽门技术，既可以为乘客提供一个舒适的候车环境，又能保障乘客的候车安全。另外，车站还提供广播，为乘客预报下次进站列车的方向，已经有两种新的方法投入运用，一种是自动广播系统，当后续列车驶入接近区段时，广播系统自动工作；另一种为在站台设置同位显示器，向乘客预告列车运行情况及还需几分钟到站。

（五）出站验票：乘客到达目的站后，持票卡验票出站，车站应有各类向导标志，引导乘客从所需的出入口出站。对所购票卡票款不足的乘客，车站应提供补票服务。如使用自动售检票系统，车站还须提供票卡分析服务。

二、客运服务质量控制

轨道交通是一个技术密集型的大联动机，整个系统工作状态的好坏，直接表现在是否能安全、舒适、快捷地运送乘客，客运服务工作是反映轨道交通运营管理企业管理水平的重要标志，而且，服务质量对于一项服务产品的设计相当重要，服务质量是判断一家服务业公司好坏的最主要的依据。因此，服务质量的控制对于提高轨道交通运营管理企业的服务及管理水平有着重要的意义。

（一）服务质量模式

服务质量模式是一项综合质量体系，是对轨道交通运营管理理念的研究和探讨，它由三个部分组成：

1. 企业形象：指公司的整体形象以及其整体魅力。城市轨道交通由于其面向大众、服务大众的社会特征，决定了轨道交通运营管理企业不仅要讲究经济效益，更要考虑社会效益，企业文化的发展以及企业良好的社会形象同样是企业管理水平的一方面体现。

2. 技术性质量：即提供的服务是否具备适当的技术属性。这是服务质量技术上的保证，通过采用新技术，提高轨道交通的运行安全的保障力度，并为乘客提供一个舒适的乘车、候车环境。

3. 功能性质量：研究服务是如何提供的。对客运服务的整个流程进行分析研究，不断完善各项服务设备及辅助性服务设施，增强各类设施、设备的功能性和简便实用性，以更好地满足乘客的需求。

（二）质量控制

首先，要对客运服务制定目标和各种规章制度及各岗位的工作标准。这个目标的确定直接影响着客运服务的质量，决定了客运服务质量的水准。

其次，要对客运服务进行现场管理。这是客运服务质量管理的实施、落实的有效手段。服务质量的现场管理，是以满足乘客的出行需求和精神需求为目的的。也就是要尽可能满足乘客对功能性、经济性、安全性、时间性、舒适性和文明性的要求。为了满足这些要求就要对人、设备、设施、方法和环境等五大因素进行控制。可以从以下几个方面来开展服务现场的质量管理工作：

1. 安全管理：对于任何一个行业来说，安全总是最根本的。离开了这个前提来谈服务质量就毫无意义。因此，我们必须把安全管理纳入到服务质量管理的范畴之中。

2. 操作管理：车站的服务主要是通过服务人员在现场的操作来体现。服务人员的操作水平直接反映了服务质量，所以操作管理就显得格外重要。

3. 设备管理：我们在强调服务质量的同时，相对忽视了处于静态的设施状况。这样的服务质量，肯定不会是高水平的服务质量。设备管理的好坏与服务质量的高低密切相关。

4. 卫生管理：卫生水平对车站来说确实是十分重要的。卫生管理的好坏直接影响到企业的形象。

最后，要对客运服务进行跟踪，这是对车站客运服务质量管理的有效保障。因为，即使在完成了对客运管理模式的建立和加强了服务质量的现场管理之后，全面服务质量管理的体系仍然尚未彻底形成。虽然，现场管理可以从一个局部来保证服务的质量，但从客运服务的整个流程来看，还需要建立起一种有效的机制，来全面地考察服务质量的整体状况。

(三) 服务要素与经济效益

企业在进行产品决策时往往很难确定服务出售物的构成要素，这不仅因为一些要素是无形的，从而使企业很难勾划出构成服务产品的所有要素，而且在实际操作过程中，一些服务构成要素对于某些行业，是不能使用传统的利润和投资回报率方式来予以衡量的，城市轨道交通业就是其中之一。轨道交通的服务要素主要有如下几个部分：

1. 服务的对象：所有乘坐城市轨道交通的乘客构成。

2. 服务的提供者：轨道交通运营服务的工作人员及管理人员。

3. 服务的提供载体：将乘客由一地运送至另一地的所有运营设备及辅助性服务设施。

城市轨道交通由于投资大、成本高的特点及其所具有的社会属性，使城市轨道交通运营管理企业很难在短时期内取得盈利，当前世界上许多城市对城市轨道交通企业的定位更多的是非盈利性服务业或社会性服务业，将社会效益放在首位。只有香港的轨道交通运营管理企业处于盈利状态。目前，国内正处于城市轨道交通大发展的时期，用发展的眼光来看，城市轨道交通走市场经济的道路，建立现代企业制度是发展的趋势，因此，城市轨道交通的运营管理企业应在注重社会效益的同时，认真分析研究服务要素的构成及其联系，依靠科学先进的管理，合理控制成本，讲究经济效益，争取经济效益与社会效益的双赢。

(四) 投诉及客伤处理

城市轨道交通业作为一个服务性的行业以及公共交通的手段，投诉及客伤的处理是不可避免的，妥善接待、处理投诉及客伤，是良好的企业形象、企业管理水平的体现。

1. 投诉的处理

城市轨道交通运营管理企业应建立相应的投诉处理的制度，并可指定运营服务主管部门受理，也可设立服务热线接待乘客的咨询和投诉，应认真受理，及时调查，按时回复。

投诉可分为有责投诉和无责投诉两类，作为管理部门应认真对待乘客的两类投诉，妥善进行处理。投诉的接待处理作为企业的一个服务窗口，工作人员应具有一定轨道交通运营管理的专业知识和经验，了解企业的有关规章制度，语言得体，思维敏捷。

乘客投诉处理也是企业质量管理的一个组成部分，从投诉中可以发现企业管理的薄弱环节，一些好的建议、好的想法也是在乘客的投诉中引起管理部门的重视，从而进行改进完善，因此，投诉的接待处理是企业日常管理工作的一个组成部分，对提高服务质量和管理水平起着促进作用。

2. 客伤的处理

客伤是指乘客在轨道交通管辖的运营区域内发生的人生伤害及伤亡事件的总称。

客伤的处理原则是：真诚待人，实事求是，适时安抚，协商解决。同处理投诉一样，能否妥善处理好客伤事件直接影响到企业的对外形象，企业应制定客伤处理的规则，指定专门部门和专人负责处理客伤事件，处理客伤的工作人员要了解企业的各项规章制度、设施设备的工作和使用要求，并掌握一定的法律知识。

城市轨道交通企业为了维护企业的利益和乘客的利益，应向保险公司投保或设立安全基金以帮助企业妥善处理客伤理赔事宜。从客伤的处理中，也可反映出运营管理中的缺陷之处和一些设备设施方面的不完善，帮助企业发现问题，解决问题，更好地做好为乘客服务的工作。

第四章 票 务 管 理

第一节 城市轨道交通收费系统

一、人工售检票方式

售检票作业是地铁客运组织工作的一个重要环节。人工售检票方式分三种：

（一）进站检票：这种方式只适用于单一票价的轨道交通系统，车站只在进站口安排检票人员，对乘客进入付费区实行检票进站，乘客出站时不再检票，可以自由出站。

（二）出站检票：这种方式也只适用于单一票价的轨道交通系统，乘客可自由进入付费区乘车，车站只在出站口安排检票人员，对出站乘客实行检票出站。由于出站客流相对集中，这种方式比进站检票方式实施难度大。

（三）进出站都需检票：这种方式可适用计程票价的轨道交通系统，车站在进、出站口都安排检票人员，对乘客进、出付费区都实行检票作业。这种方式能减少或杜绝无票乘车现象，减少或避免客运收入的流失，但相对讲，人工费用较前两种方式要多。

（四）人工售检票方式的主要优点是设备投资低，但它的缺点是需雇用大量的检票人员，支付较多的人工费用。这种方式往往在新线开通初期，客运量较小的线路上推行。

二、自动售检票系统

基于计算机技术、网络技术、现代通讯技术、自动控制技术、非接触 IC 卡技术、大型数据库技术、机电一体化技术、模式识别技术、传感技术、精密机械技术等多项高新技术于一体的自动售检票（AFC）系统投入地铁运行后，实现了自动售票方式。

采用自动售检票方式后，可以实现购票、检票、计费、收费、统计的全过程自动化，减少票务管理人员，提高地铁系统的运行效率和效益，使乘车收费更趋合理，减少现金流通，堵塞人工售检票过程中的各种漏洞和弊端，避免售票"找零"的繁琐，方便乘客，增强客流分析预测的能力，合理地调配车辆，提高了运营公司的经营管理水平，为联网结算提供了基础。

三、联网结算

如图 4－1。

交通状况是一个国家和城市发达程度的重要标志，城市交通运输成为人们越来越关注的热点问题。公共交通是一个大型的服务性行业，涉及公交（大巴/中巴/小巴）、出租汽车、地铁、轻轨、轮渡，它担负着市民日常出行的任务，与城市广大市民的生活息息相关。随着我国城市人口的日益增多，公共交通的日益繁忙，票务工作(售票、检票和结算)已成为各公交运营公司的一项繁琐而艰巨的任务。它关系到运营公司的收入，直接影响企业的经济效益，它直接面向市民，服务优劣直接影响了运营公司的形象。如何采用现代化的手段来适应现代化城市对公交系统的要求，已经成为交通管理部门所面临的一个重大课题。

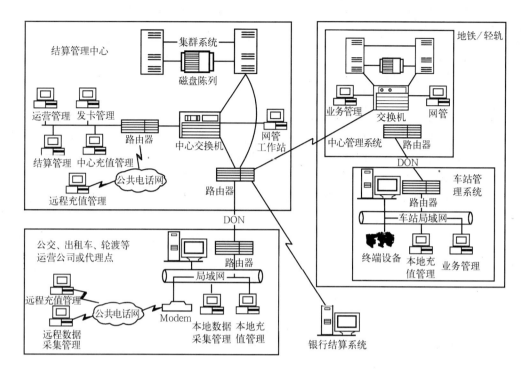

图 4-1 联网结算示意图

自动售检票（AFC）系统已经在众多城市的公交和地铁系统中投入运行，这为联网结算提供了基础。联网结算是以提高城市交通运转效率、方便市民、降低运营公司成本为目的而规划建设的系统，它以非接触智能卡（Contactless Smart Card，简称"CSC"）为车票载体，以计算机及各种电子收费终端（地铁、轻轨、公共汽车、出租车等运输工具上的自动收费终端和停车场、路桥收费站中的自动收费终端）为核心，以局域网和远程网络作为支撑，实现计费、收费、统计、汇总、预测、决策、分析以及中央清算等业务，实现乘客持一张 CSC 即可乘坐各种交通工具和进行小额消费，以及全面实现车辆停车、过路桥自动收费的全过程的电子化、自动化、网络化的综合管理。

联网结算系统组成

（一）结算管理中心

建立一卡通结算中心计算机管理系统，负责一卡通系统的发卡管理、密钥管理、清算管理、运营管理、设备管理等。

（二）远程网络系统

通过城市通讯网（PSTN、DDN、ISDN、ADSL 等）将结算中心与各个运营商的电子收费系统联网。

（三）运营公司系统

运行在公交、地铁、出租车、轮渡、路桥、停车、石油等公司的电子收费管理系统。以公交公司系统为例，包括：

1.运营公司管理中心

各个运营公司电子收费系统的管理中心，负责与一卡通结算管理中心、线路总站及各种终端设备的网络通信和数据交换。

2．线路总站管理计算机

乘车储值卡的充值、挂失和查询，采集来自车辆的交易数据，与中心计算机系统进行信息交换，生成各类报表，参数传递等。

3．车载自动检票机

装载在运营的车辆上，自动校验乘车卡的合法性、扣除车费、显示所扣金额及卡中余额，储存交易数据记录，具有红外及无线数据通讯接口。

4．数据采集器

将车载自动检票机中的交易数据转储到公交线路总站计算机，下载费率和黑名单等参数，设备采用红外接口。

向一卡通系统有关业务提供服务的企业或单位，如银行、金融电子结算中心、CSC 销售和充值代理机构。

第二节　自动售检票系统

一、系统组成

自动售检票（Automatic Fare Collection – AFC）系统是由计算机集中控制进行自动售票、自动检票及自动结算的自动化管理系统，是地铁综合自动化管理不可缺少的重要组成部分。它基于计算机网络和多种形式的车票技术，对车票数据进行处理，实现自动发售车票，自动计费的功能；并将采集到的信息和数据进行存储、计算、分析，达到随时查看数据，及时了解运营情况，妥善管理的目的。地铁 AFC 系统发展已有 30 多年的历史，在世界各国地铁中广泛应用，对地铁现代化运营和管理起着十分重要的作用。

目前世界上运用于交通领域中比较成熟的自动售检票系统基本构架可分解为四个部分：中央结算系统、车站监控系统、售检票设备、车票。见图 4 – 2。

中央结算控制系统主要提供系统控制、数据收集统计、票务清算等功能，为每日的运行生成客流量、维修和营业额收入等报表信息。车站监控系统主要提供对车站所有 AFC 设备进行在线实时控制。售检票设备包括所有 AFC 前端设备，构成乘客与售检票介面的自动化操作，如自动售票机、检票机、票务机等。车票是乘客与系统之间实现沟通的媒介，其材料种类一般有纸卡、磁卡和较为先进的 IC 卡，可以制作成单程票、纪念票、储值票等多种形式。

图 4 – 2 中，从上到下大致分为四个层次，第一层中央结算系统、第二层车站监控系统、第三层售检票设备、第四层车票，它们通过通信网络组成自动售检票系统网，进行数据交换。系统控制和执行参数由第一层下达到第四层，乘客的流量及票务收入由第四层上送到第一层。AFC 设备的维修数据则由第三层上送到第一层，信息传送过程都经过每层汇总处理、完成分析、审核和作出相应的控制。AFC 中央结算系统每天对来自车站中的信息进行处理汇总后，其客流动态信息可用于车辆调度、车站客流疏导、设施调整，其票务信息可用于财务分析，维护信息用于设备的维修保养，其系统运行参数将为公司决策提供科学依据。

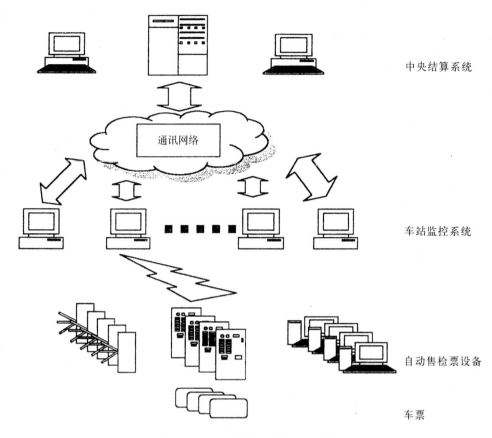

中央结算系统

通讯网络

车站监控系统

自动售检票设备

车票

图 4-2　自动售检票系统基本结构图

二、系统功能

（一）中央结算控制系统

中央结算控制系统是整个自动售检票系统的指挥控制中心，其基本功能有：

1. 由高可靠性、高效率的计算机组成，具有内置出错检测和再次传送的通讯能力，确保数据传送的精确和数据传送的独立性。

2. 接收和存储从所有车站监控计算机上传的票务收入、客流量和维修数据，建立 AFC 数据库，并且可以在外部存储设备如磁带上做数据备份形成档案。

3. 实时监控来自车站中有关指定 AFC 前端设备如检票机、售票机的状态信息。

4. 能设定和保存黑名单文件，将非正常车票序号组成数据库文件，并下载到每台检票机和票务处理机，比较每张使用中的车票，作出相应处理。

5. 同步所有车站监控计算机和前端设备的时钟。

6. 将系统参数和控制参数如车票费率表、高峰/非高峰时间设定、运营模式等参数下载到所有的车站监控计算机和前端设备。

7. 接收和迅速处理外界侵犯和紧急报警信息。

8. 分析和归纳 AFC 数据信息，生成各类运营报表。

9. 采用标准的通讯接口，与其他系统如城市交通票务清算系统连接，实现数据交换，数据共享。

（二）车站监控系统

车站监控系统由车站计算机、通讯控制器、监视器、紧急控制系统组成，其基本功能有：

1. 对所在车站的 AFC 终端设备状态进行实时监控，并能直观地在监视器上显示出来。

2. 接收中央计算机系统传来的有关日期、时间、车价表、黑名单等重要参数，并下传至 AFC 终端设备。

3. 定时采集 AFC 设备的状态信息和交易数据，经处理后送往中央计算机系统。

4. 进行每日客流、票务和财务收入统计，并打印相关运营报表。

5. 当与中央计算机系统通信中断时，车站计算机能独立工作，并能贮存一定的数据量，采用磁盘或光盘等外界媒体，将数据用人工方式与中央计算机交换信息。

6. 能实时操作 AFC 终端设备进入特殊运行模式如列车发生故障时的运营模式。

7. 紧急情况下，通过操作紧急装置或车站计算机发出指令，使检票机工作于自由通行状态，便于乘客疏散。

（三）AFC 终端设备

AFC 终端设备由全自动售票机、半自动售票机、进出站检票机、自动加值机、验票机等组成，其基本功能有：

1. 自动售票机

（1）按乘客选择票价自动发售单程票。

（2）能识别市场中流通的各类币种，并能退出伪币。

（3）具有找零功能，并显示找零信息。

（4）每只钱箱具有专用的识别码，具有完整的审计记录。

（5）操作人员只有键入安全识别码后才能移动钱箱和票盒。

（6）票盒无票或钱箱满时，向工作人员提示相关信息。

（7）具有安全保护功能，当自检失效或使用不正当手段开机时，发出报警信息并自动记录。

（8）对于发售不成功或无效的车票，自动放入废票回收箱。

（9）在维护模式下，具有诊断、测试功能。

（10）具有单机工作能力，数据存储能力不小于 3 天。

（11）单张车票处理时间$\leqslant 1.5s$。

（12）当停电时，应有 15min 的 UPS 支持，完成系统退出。

（13）设备的所有状态信息和交易数据自动传送至车站计算机。

2. 半自动售票机

半自动售票机由售票人员操作，向乘客发售各种类型的车票，并提供验票服务，其基本功能有：

（1）发售单程票和储值票以及优惠票、纪念票等各种车票。

（2）具有分析车票的使用记录和对特种车票进行充值。

（3）对超时、超程、金额不足车票进行补票，也可发售专用出站票。

（4）具有打印票务记录和每班财务记录。

（5）具有单机工作能力，数据储存能力不小于 3 天。

（6）检验、分析有疑问车票，解决票务纠纷。

（7）具有安全措施，防止非法进入。

（8）对乘客具有中、英文显示功能。

（9）在维护模式下，具有诊断、测试功能。

（10）具有钱箱、票箱管理功能。

（11）打印有关数据及车票收费单据。

（12）具有自检和故障报警功能。

（13）对于发售不成功或无效的车票，自动放入废票回收箱。

（14）单张车票发行时间≤1.5s。

（15）当停电时，应有15min的UPS支持，完成系统退出。

（16）设备的所有状态信息和交易数据自动送至车站计算机。

3．进、出站检票机

进、出站检票机闸门一般采用三杆式、门式等形式，其基本功能有：

（1）对乘客持有车票进行检票，有效票放行，无效票禁止通行。

（2）具有进、出站客流记录、扣除车费记录、黑名单车票使用记录以及信息输出功能。

（3）出站检票机能自动回收单程票，票盒渐满发出提示信息，票盒满时自动退出服务。

（4）具有中、英文显示功能。

（5）具有单机工作能力，数据储存能力不小于3天。

（6）具有自检功能，故障报警。

（7）在维护模式下，具有诊断、测试功能。

（8）出站检票机票箱储票量≥1500张。

（9）对公务票、优惠票、黑名单等特殊车票的使用有声光报警功能，以便站务人员监督。

（10）具有紧急开启功能。

（11）当停电时，应有15min的UPS支持，完成系统退出。

（12）设备的所有状态信息和交易数据自动送至车站计算机。

4．自动加值机

自动加值机完成对储值票的自动充值，其基本功能有：

（1）自动识别市场流通的人民币币种，并具有识别出伪币能力。

（2）具有分析车票和自动显示余额功能。

（3）自动统计车票和票款数据。

（4）具有找零功能，并显示找零信息。

（5）操作人员只有键入安全识别码后才能移动钱箱和票箱。

（6）票盒无票或钱箱满时提示相关信息。

（7）对乘客具有中、英文显示功能。

（8）具有单机工作能力。数据储存能力不小于3天。

（9）使用银行信用卡时，有自动划账接口。

（10）当停电时，应有15min的UPS支持，完成系统退出。

（11）设备的所有状态信息和交易数据自动送至车站计算机。

5. 验票机

安放于公共场所，由乘客自行操作，其基本功能有：

（1）能显示车票的类别和有效期。

（2）显示储值票上的余额及单程票的车费额。

（3）显示储值票最近 10 次的乘车交易记录。

（4）具有中、英文显示和语音提示功能。

（5）具有自诊断功能，并输出报警信号。

（6）车票处理时间：≤0.3s。

（7）能显示有关运营服务等辅助信息。

6. 便携式查票机

供稽察人员对收费区内乘客进行检查车票用，其基本功能有：

（1）对各种车票进行限时、限程信息的有效性核查。

（2）显示各种车票内信息。

（3）对越站、超时及无效票除有显示外，还具有声音提示。

三、车站设备选型与布置

车站中自动售检票设备随着科学技术的发展，集计算机软件技术、通讯技术、网络技术、现金识别技术、自动控制技术、射频技术等于一体，种类越来越多，功能越来越强大，进一步满足乘客快速、自助、舒适、方便地购票和检票，大大缩短了乘客的平均购票时间和工作人员的负担。

（一）售票机设备的性能比较（表 4-1）

售票机用来发售在 AFC 系统中可以使用的车票，在发售的同时，计算机根据运营参数在车票中写入金额、发售时间、地点、操作设备、有效期等信息，便于车票的统计和分析。

各类售票机基本性能比较 表 4-1

	人工售票机	单功能自动售票机	多功能自动售票机
操作方式	售票员通过计算机操作	乘客自助操作	乘客自助操作
售票速度	2.5s/张	1.5s/张	5s/张
车票种类	多种磁卡和 IC 卡	单一票种	多种票种
硬币识别能力	人工	0.5 元、1 元自动识别	0.5 元、1 元自动识别
纸币识别能力	人工	可选	5 元、10 元、20 元、50 元、100 元自动识别
每次发售张数	单张	单张	多张
票据打印	有	无	有
银行卡转账	无	无	可选
网络标准	TCP/IP 协议	TCP/IP 协议	TCP/IP 协议
价格	低	中	高
维护费用	低	低	高

（二）检票机设备的性能比较（表4-2）

检票机主要用于乘客出入站时对车票进行检验，并完成一定的读写工作。

各类检票机基本性能比较   表4-2

	三杆式检票机	单向门式检票机	双向门式检票机
平均通过能力	25~35人/min	40~50人/min	40~50人/min
人流控制	单向	单向	双向
紧急状态时	落杆或自由转动	常开	常开
网络标准	TCP/IP协议	TCP/IP协议	TCP/IP协议
价格	低	中	高
	条形码检票机	磁卡检票机	IC卡检票机
车票处理速度	1s/张	1.5s/张	0.3s/张
机械结构	简单	复杂	简单
车票回收	无	有	可选
安全性	低	中	高
维护费用	低	高	低

（三）选型和布置

在设备选型和布置时，应对车站布局、地理环境、客流走向、投资成本作综合分析，一般应考虑以下几个方面：

1．根据日客流量和设备维护情况，每3000至4000人次配置一台进站和出站单向检票机。

2．对于车站场地较小，不同时段的进出站客流走向明显时，宜采用双向式检票机。

3．进站和出站检票机根据出入口位置分开安装，但同一类型的设备如出站检票机应集中布置，以便于管理。

4．每组进站和出站检票机不应少于二台。

5．日客流量超过10万人次的车站，宜采用门式检票机，以提高通行速度。

6．处理单程票的设备应考虑与之交汇线路中售检票系统的"一票换乘"。

7．由于城市交通"一卡通"一般采用IC卡为车票媒介，应在售票机和检票机中增加"一卡通"读写设备或预留相应的接口。

8．宜采用门式检票机作为携带行李乘客的专用通道。

9．对于免费乘坐的特殊乘客，检票机上应设有专人控制装置，让其通行并具有统计、记录的功能。

四、运营模式

地铁在运营过程中，有时会发生诸如列车故障、大客流集中进出站等非正常情况，售检票系统应根据不同的情况作出相应的处理，来迅速缓解和疏散因突发事件造成的客流拥挤。由中央计算机或车站计算机控制，使售检票系统处于不同的运营模式。

（一）正常运营模式

乘客购票后，人手一张持有效票通过进站检票机，乘地铁至目的地后仍使用该票通过出站检票机出站，检票机根据中央计算机设定的参数，对车票以计程扣费处理，对单程票进行回收，储值票在显示余额后返回乘客，若发生车费不足、超时或车票损坏时，由票务机处理，补足车费或重新购买出站车票出站。

（二）列车故障时运营模式

当列车发生故障不能行驶时，部分车站可能处于停止运营状态，对于已购票进站的乘客和列车清客后的乘客，此时自动售检票系统由中央计算机或车站计算机设定为"列车故障"运营模式，乘客可持票通过出站检票机出站，而车票中的金额不予扣除，对于持单程票的乘客，车票将不予回收返回乘客，该车票在今后的一段时间内（一般为7天）继续可以在系统中的任一车站使用，重新通过进站检票机进站；而对于不准备继续使用车票的乘客，可到人工售票处退票处理。

（三）高峰/非高峰运营模式

通过中央计算机参数设定，可将每日的运营时间分为高峰时段和非高峰时段，在非高峰时段内，对各类车票的车费可实行扣费优惠，以争取客流，鼓励乘客在该时间段内乘车，保证列车运能的均衡性。

（四）因意外情况发生超时、超程时的运营模式

当某车站发生意外事件，列车不能正常停靠车站而只能继续驶向下一站或列车因故障超过规定的行驶时间时，通过中央计算机或车站计算机使某车站设定为"超时忽略"运营模式或"超程忽略"运营模式，允许乘客正常出站，对车费不足或超过规定乘车时间的乘客不作补票处理。

（五）大客流情况下的运营模式

当某站因地面集会、运动场馆散场等活动，有大量乘客在同一时段内集中进站，而进站检票机数量不足时，为了及时运送乘客，可发售预先准备好的"应急票"，同时乘客可持车票不通过进站检票机进站，此时中央计算机或车站计算机将其他车站设置成"进站检查忽略"模式。允许持单程票的乘客通过出站检票机正常出站。

（六）紧急运营模式

当某车站发生火灾、爆炸等危害乘客人身安全的情况时，为及时疏散收费区内的乘客，中央计算机或车站计算机将该车站设置成"紧急"运营模式。此时检票机的三杆落下或处于自由转动状态，门式检票机的闸门打开，使乘客快速通过检票机撤离。

五、系统开发与发展

随着计算机技术在自动售检票系统中的应用和发展，取代了原有落后的手工作业方式，缩短了乘客平均购票时间，减轻了工作人员的负担，大大节约人工操作的劳动成本，提高了服务质量。另外由于信用卡大量普及和金卡工程的实施，使得"电子钱包"消费成为可能，而且将广泛地应用到自动售检票系统中。

为适应城市公共交通"一卡通"需要，自动售检票系统应将"一卡通"作为乘车车票之一，并实现与城市交通清算中心的联网和结算，对提高人民生活质量，加快社会工作效率，促进国家的发展具有特别重要的意义。

由于已经开通运营的上海地铁 1、2 号线，广州地铁 1 号线自动售检票系统均采用国外进口产品，维护成本相对较高，有必要对国产化设备进行研制和开发，特别是对磁卡读写器、人民币识别器等关键部件的生产，以降低运营成本，更好地为广大人民服务。

非接触式智能卡由于其特有的读写速度快、非接触识别方式、安全保密性高、读写设备维护成本低等优点，使其成为替代磁卡单程票的发展方向。

随着中国改革开放的进一步深入发展，城市自动收费系统必将越来越多地出现在人们的生活中。

第三节　车　票　管　理

一、车票种类

（一）磁卡

磁卡按使用类型可分为以下四种：

1. 单程票：乘客在人工售票机或自动售票机上按所需面值购买，到达目的地车站后，通过出站检票机时被闸机自动回收。回收的车票可由自动售票机或人工售票机重新发售，循环使用。

2. 储值票：只可在人工售票处或储值票专用售卡机上购买。面值可由地铁公司预先规定。储值票内的面值可供乘客多次乘坐地铁，一次购买，多次使用，既节省了乘客排队购票的时间，又减轻了车站的售票压力。同时还可以给予乘客乘坐地铁尾程优惠：即无论卡内最后还剩多少面值，都可以让乘客全程乘坐地铁一次。储值票最后是否回收可由地铁公司根据需要自行设定。

3. 纪念车票：地铁公司为纪念重大节日或大型政治、体育、文化活动而设计发售的一种纪念性车票。为鼓励乘客收集，一般为限量发行。其使用规定类似于储值票。

4. 乘车证：这是一种特殊类型的车票，一般为员工票。它是以记次为标准，可设定为每天允许持卡人进出检票机多少次；乘车证有月卡：即一个月内有效，也有季卡。

（二）非接触式 IC 卡

非接触式 IC 卡用在公共交通运输部门中的非接触式票务控制系统。特别为用户提供方便、可靠和反伪诈的安全性能。

非接触式 IC 卡是一张智能卡，因为它包括：控制逻辑、读/写内存、无线电天线和通讯电路。非接触式 IC 卡是一种固态的设备，它是非常先进的储值车票，只要把它放进距离 IC 卡读写器 0～8cm 范围内，就能执行它的操作功能。

IC 卡读写器也是固态设备，它是对非接触式 IC 卡中的数据进行读和写。IC 卡读写器安装在智能 AFC 设备内或设备上，并通过 RS232 接口进行数据交换。非接触式 IC 卡与 IC 卡读写器之间的通讯是通过数据链的无线电电磁波感应实现的。IC 卡读写器连续辐射出能量非常低的、安全的电磁波，非接触式 IC 卡开始接收后就转换成它的电源。

中央计算机系统有一部分职能用来管理 IC 数据文件和跟踪 IC 卡在整个 AFC 系统内的使用。

二、车票媒介选择

（一）乘客使用磁卡车票

1. 购票

乘客可以从自动售票机或人工售票机售票处购买磁卡车票。从自动售票机上购票是简单而又直接的。自动售票机只接受硬币付款（目前上海地铁自动售票机只接受 1 元和 5 角两种硬币），并以硬币找零，发售各种面值的单程票。票值的选择仅需按一个按钮来决定，每个按钮对应一种面值的车票。

自动售票机购票程序为：

（1）按下面值按钮

（2）投入硬币（1 元或 5 角）

（3）出票口取票

（4）找零

从人工售票机处购票也是很容易的。乘客告诉售票员欲购买的单程票面值，然后付款。售票员通过人工售票机键盘键入乘客所选面值，然后把车票（已编码的车票或循环使用的车票）插进人工售票机车票处理部件内，在读、写、校验完毕后车票从进票槽处退回售票员，售票员把单程票和找零一并交予乘客，整个交易过程完成。

2. 进出站

从自动售票机或人工售票机二者任一方式购买单程票后，乘客将车票插入进口闸机进票口，闸机处理车票后，车票从闸机顶端的槽口退出，三杆转动，允许乘客通过。出站过程与进站相类似，乘客到达到达站后，将车票插入出口闸机的进票口，闸机处理车票，信息处理无超时超程现象，车票自动进入闸机内的票盒，三杆转动，允许乘客出站。

3. 出口闸机遭拒收票情况

（1）乘客所到站超过付费的车站；

（2）车票超时（目前上海地铁设定的允许时间为 2h）；

（3）车票磁性数据已经破坏。

以上三种原因中有任何一种原因，三杆都锁住，显示器指示乘客到票务处理亭内进行处理。

（二）乘客使用非接触式 IC 卡车票

1. 购票及充值

非接触式 IC 卡只能在人工售票机上购买。对乘客而言，购买非接触式 IC 卡交易实际上和购买单程票相同。人工售票机显示器上会显示所购非接触式 IC 卡面值。在首次购买非接触式 IC 卡时，要求乘客付押金。

非接触式 IC 卡上的储值可随时加值。乘客到售票处支付充值金额，售票员键入必要信息，然后将非接触式 IC 卡放在人工售票机 IC 卡读写器上，充值过程完成。充值面额可预先设置最大值。

2. 进出站

乘客持非接触式 IC 卡通过检票机比持磁卡车票更快和更方便。非接触式 IC 卡通过进、出口闸机的处理过程是相同的，乘客只要把非接触式 IC 卡在安装于检票机顶端的读写器上通过，信息处理会在极短时间内完成，三杆立即启锁。

每次乘客通过出口检票机时，车费就会从卡内自动扣除。当非接触式 IC 卡内储值为正值时，允许乘客通过进口检票机。当非接触式 IC 卡内储值小于车费时，允许乘客出站，但剩余值为负值。当负值的非接触式 IC 卡充值时，所加的值要支付卡上的负值，即所谓的尾程透支。

三、车票制作与发售

以上海地铁 PET 磁性票卡为例。

（一）卡片构成

卡片构成如图 4 - 3。

（二）外形尺寸（图 4 - 4）

1. 外形尺寸　　　　85.73 ± 0.76mm × 53.98 ± 0.25mm
2. 圆角　　　　　　$R = 3.18 ± 0.25mm$
3. 圆孔　　　　　　$\Phi = 3.18 ± 0.25mm$
4. 厚度　　　　　　0.270 ± 0.030mm
5. 基材厚　　　　　0.250 ± 0.015mm
6. 磁性层厚度　　　0.015mm 以下

表面
保护层
PET 层
磁性层
白色隐蔽层
印刷层
保护层

背面

图 4 - 3　卡片构成

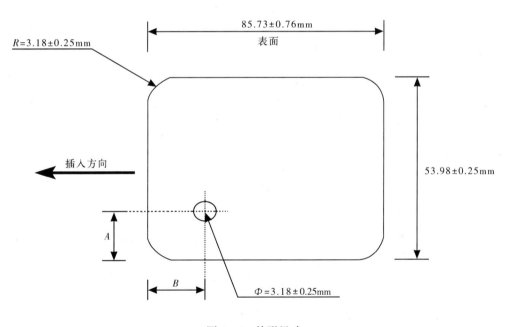

图 4 - 4　外形尺寸

（三）物理特性

1. 耐折强度　　　　　　　200 次以上
2. 刚度　　　　　　　　　20gf/cm 以上
3. 加热伸缩率　　　　　　3.0% 以下
4. 弯曲　　　　　　　　　正面或反面放置在水平面上时，平面至高点不大于 2mm。

如有表面特殊加工时，平面至高点不大于 3mm。

（四）耐药品性

在以下药品中浸渍一分钟后外观应无变化。

1. 5%食盐水

2. 5%醋酸

3. 5%碳酸氢钠

（五）磁性特性

静磁特性

1. 抗磁力   2750±250 Oe

2. 矩形比   0.70以上

四、车票流程管理

（一）车票流程

见图4-5和图4-6。

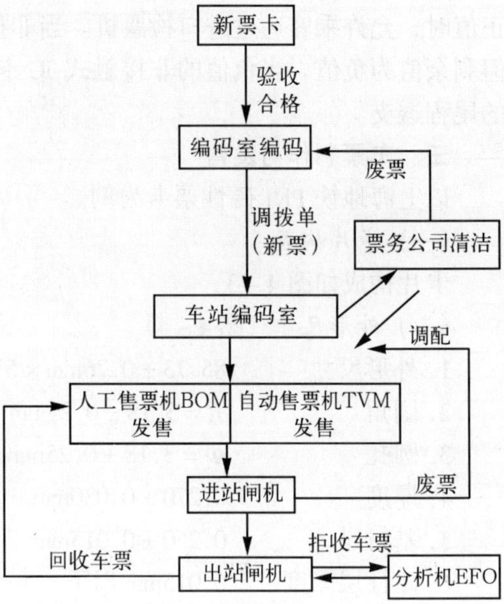

（二）各类车票管理细则

1. 单程票

（1）单程票（新票）

1）由票卡统计员根据供应方的发票开具

图4-5 票卡流程图

验收单（附表4-1）。验收单一式四联，一联交计财部；一联交仓库保管员；一联交采购员；一联留存。仓库保管员根据验收单数量验收入库，放入仓库待编码区，同时记入新单程票仓库动态账（附表4-2）。如遇先送货后开发票，则根据供应方的送货单数量先验收入库，待发票到后再开验收单，同时在新单程票仓库动态账中，对应的送货单该行备注栏内注明验收单编号。

2）票卡统计员根据单程票的使用情况，填制磁卡制作单（附表4-3），由部门主任复核。磁卡制作单一式三联，一联交仓库保管员；一联交E/S操作员；一联留存。仓库保管员根据磁卡制作单票种和数量发卡，同时记入新单程票仓库动态账。E/S操作员根据磁卡制作单要求进行制卡，同时根据制卡情况记录票务部中央编码室工作日记（附表4-4）。

3）E/S操作员根据制作票种和数量交仓库，仓库保管员填制入库单（附表4-5）验收入库，放入仓库已编码区或破损票区，同时记入新单程票仓库动态账。入库单一式二联，一联交交卡部门；一联仓库留存。

4）票卡统计员根据客流和票卡调配情况填制调拨单（附表4-6）由客运分公司领用，同时记入新单程票仓库动态账。调拨单一式四联，一联交计财部；一联交仓库；一联交领用部门（客运分公司）；一联留存。

（2）单程票（旧票）

1）仓库保管员根据洗卡车间和客运分公司退还票卡的种类和数量填制入库单，验收入库，放入仓库待编码区或破损票区，同时记入旧单程票仓库动态账（附表4-7）。

2）票卡统计员根据单程票的使用情况，填制磁卡制作单，由部门主任复核。磁卡制作单一式三联，一联交仓库保管员；一联交E/S操作员；一联留存。仓库保管员根据磁卡制作单票种和数量发卡，同时记入旧单程票仓库动态账。E/S操作员根据磁卡制作单要求进行制卡，同时根据制卡情况记录票务部中央编码室工作日记。

3）E/S操作员根据制作票种和数量交仓库，仓库保管员填制入库单验收入库，放入仓库已编码区或破损票区，同时记入旧单程票仓库动态账。入库单一式二联，一联交交卡部门；一联仓库留存。

4）票卡统计员根据客流和票卡调配情况通知仓库保管员填制领用单（附表4-8），由客运分公司领用。领用单一式二联，一联交仓库留存；一联交领用部门。

2．有值票（储值票/应急票/多程票/测试票）

（1）有值票（新票）

1）由票卡统计员根据供应方的发票开具验收单，验收单一式四联，一联交计财部；一联交仓库保管员；一联交采购员；一联留存。仓库保管员根据验收单数量验收入库，放入仓库待赋值区。如遇先送货后开发票，则根据供应方的送货单数量先验收入库，待发票到后再开验收单，同时在新有值票仓库动态账（附表4-9）中对应的送货单该行备注栏内注明验收单编号。

2）票卡统计员根据各种有值票的使用情况，填制磁卡制作单，由部门主任复核。磁卡制作单一式三联，一联交仓库保管员；一联交E/S操作员；一联留存。仓库保管员根据磁卡制作单票种和数量发卡，同时记入新有值票仓库动态账。E/S操作员根据磁卡制作单要求进行制卡，同时根据制作情况记录票务部中央编码室工作日记。

3）E/S操作员根据制作票种和数量交仓库，仓库保管员填制入库单验收入库，放入仓库已赋值区或破损票区，同时记入新有值票仓库动态账。

4）票卡统计员根据有值票使用情况填制调拨单由领用部门领用，同时记入新有值票仓库动态账。

（2）有值票（旧票）

1）仓库保管员根据洗卡车间和客运分公司退还票卡的种类和数量填制入库单验收入库，如遇需销值票卡，则由仓库保管员填制磁卡销值单（附表4-10），退卡部门复核。销值单一式三联，一联交E/S操作员，一联交退卡部门，一联仓库留存。E/S操作员根据销值单要求进行销值，同时根据销值情况记录票务部中央编码室工作日记。E/S操作员根据销值票种和数量交仓库，仓库保管员填制入库单验收入库。放入仓库待赋值区或破损票区，同时记入旧有值票仓库动态账（附表4-11）。

2）票卡统计员根据各种有值票的使用情况，填制磁卡制作单，由部门主任复核。仓库保管员根据磁卡制作单票种和数量发卡，同时记入旧有值票仓库动态账。E/S操作员根据磁卡制作单要求进行制卡，同时根据制卡情况记录票务部中央编码室工作日记。

3）E/S操作员根据制作票种和数量交仓库，仓库保管员填制入库单验收入库，放入仓库已赋值区或破损票区，同时记入旧有值票仓库动态账。

4）票卡统计员根据有值票使用情况填制调拨单由领用部门领用，同时记入旧有值票仓库动态账。

3．纪念票

1）根据纪念票合同由票卡统计员填制磁卡制作单，经部门主任确认后交编码室制作。磁卡制作单一式三联，一联交E/S操作员，一联交旅游公司，一联留存。

2）纪念票制作完毕后，由票卡统计员填制调拨单后，票卡由旅游公司签收后领用。调拨单一式三联，一联交领用部门，一联交仓库，一联留存。

一、单程票：

1. 新票 —进库（验收单、送货单）→ 待编码 —出库（制作单）→ E/S 编码 —进库（入库单）→ 已编码 —出库（调拨单）／领用（客运分公司）→

2. 旧票 —进库（入库单）→ 待编码 —出库（制作单）→ E/S 编码 —进库（入库单）→ 已编码 —出库（领用单）→ 领用

二、有值票：（储值票/应急票/多程票/测试票）

1. 新票 —进库（验收单、送货单）→ 待赋值 —出库（制作单）→ E/S 赋值 —进库（入库单）→ 已赋值 —出库（调拨单）→ 领用

2. 旧票 —进库（入库单）→ 待赋值 —出库（制作单）→ E/S 赋值 —进库（入库单）→ 已赋值 —出库（领用单）→ 领用

图 4-6 票卡操作流程

××地铁运营有限公司总调度所验收单 附表 4-1

供应单位：＿＿＿＿＿＿＿

发票号码：＿＿＿＿＿＿＿

年　月　日

类别	材料		单位	数量	发票价格		计划价格	
	名　称	规　格			单价	金额	单价	金额
	第一联							
	仓库存							
合　计								

主管部门　　　　　　　　　　验收人　　　　　　　　　　采购员

注释：共四联：1. 仓库存；2. 记账存；3. 账务存；4. 领用部门存。

新单程票仓库动态账 附表 4-2

日期	凭证号	新票			待编码			已编码			备注
		收	发	存	收	发	存	收	发	存	
本月发生数											

××地铁运营有限公司票务分公司

磁卡制作单

附表 4－3

编号：NO.0001   制单日期：_____年____月____日

票种	制作方式	数量	面值	发行日期
备 注		操 作 员	复 核	制 单

第一联

* ES 操作员制卡时，对备注类内所注事项应特别注意。

××地铁运营有限公司总调度所

票务信息部中央编码室工作日志

附表 4－4

日期		时间		记录人	

工作内容：

备注：	

××地铁运营有限公司票务分公司

入　库　单

附表 4－5

入库单编号：NO.0001   制单日期：_____年_____月_____日
                                              收货仓库：_____
交货单位：_____   货　位：_____

日期		凭证	货号	品名	入库		重量	
月	日				数量	单位	净重	毛重
备 注					仓 库 验 收		复 核	制 单

第一联

调 拨 单

附表 4－6

年 月 日

名称及规格	单位	数量	单价	金额	名称及规格	单位	数量	单价	金额
	第一联 仓库存								
合计金额									

领用部门　　　　　　　　　　　　　　　　后勤部门

　签　收　　　　　　　　　　　　　　　　签　收

　注释：共四联：1.仓库存；2.记账存；3.财务存；4.领用部门存。

旧单程票仓库动态账

附表 4－7

日期	凭证号	旧票			待编码			已编码			备 注
		收	发	存	收	发	存	收	发	存	
本月发生数											

××地铁运营有限公司票务公司

磁 卡 领 用 单

NO.000001

年 月 日

名　称	单　位	数　量		单　价	金　额
		领用	实发		
合计金额					

领用单位　　　　　　　　　　　　　发放单位

　签　收　　　　　　　　　　　　　　签　收

新有价票＿＿＿＿＿＿＿＿＿＿仓库动态账　　　　　　附表 4－9

日期	凭证号	新票			待赋值			已赋值			备　注
		收	发	存	收	发	存	收	发	存	
本月发生数											

××地铁运营有限公司票务分公司
磁卡销值单　　　　　　　　　　　　　　　　　　　　　附表 4-10

编号：NO.0001　　　　　　　　　　　　　　　　　　制单日期：_____年___月___日

票种	发行日期	数量	面值	备注	
					第一联

操作员　　　　　　　复核　　　　　　　　　　　经办人

旧有价票_____仓库动态账　　　　　　　　　　附表 4-11

日期	凭证号	待销值			已销值/待赋值			已赋值			备　注
		收	发	存	收	发	存	收	发	存	
本月发生数											

第四节　票制方案选择

一、客流分析与预测

轨道交通的运输对象是乘客。客流的多少既体现了票价的合理与否，又反映出轨道交通快速与便捷的作用大小。我们以上海的城市轨道交通为例可加以说明，目前投入运营的有上海地铁 1 号线、2 号线与明珠线，运营里程分别为 20.01、18.35、24.48km，总长为 62.84km。地铁 1、2 号线目前日均客流达 70 多万人次，明珠线为 13 多万人次。目前实施的票价是多级制，0 ~ 6km 票价 2 元，6 ~ 18km 票价 3 元，18km 以远按每 6km1 元递增。现行票价较为合理地体现了多级制的特点，这种以中长途客流为主，兼顾短途的票价政策使得上海地铁的客流稳步上升。2001 年"五·一"节、国庆节更是达到了 100 万与 130 万人次。

客流的稳步上升的因素有以下几方面。首先是较为合理的多级票制，以尽可能地吸引更多客流。其次是换乘点或网络的初步形成，以尽可能地方便不同客流需求。第三是与其他交通工具的比价关系，以尽可能地形成不同的服务对象。第四是价格的灵活多样，目前使用的有单程票、多程票、储值票、纪念票等，以适应不同乘客的需要，并为长期客流提供优惠，以稳定客流。随着新线的不断建成与投用，客流必将形成新的增长。

二、单一票制

单一票制是指不论运营里程的长短，都实行一种价格。其优点是票制单一易于管理和操作，服务人员相对较少，但缺点同样显而易见，长短途客流在费用支出上明显不合理，票价制定时既不可过高又不能过低，经济效益体现得不充分。

三、多级票制

多级票制是指按运营里程的长短实行多级制。其优点是充分考虑了长短途客流的不同需求，价格较为合理，但同样也增加了管理难度。但随着自动售检票（AFC）系统的投用，该问题也迎刃而解，同时又减少了管理人员。在制定多级票制时有二种方案，一种是计程，另一种是计站；价格进级也有二种模式，一种是按分进级，一种是按角进级。具体制定时则既要充分考虑乘客费用支出问题，又要兼顾企业收入问题，从而使轨道交通既能体现社会效益又兼顾了经济效益。

四、票制方案选择

不论选择何种票制，都要与当地的实际情况相结合，从而能较为合理地反映乘客、企业和国家的需求，充分发挥城市轨道交通快速、便捷、大流量的作用。

第五节　财务结算

一、票款收入管理流程

轨道交通企业要设计合理的票款收入管理流程，以保证票款收入能及时足额地集中到企业账户。按照银行在现金流程中所起的作用，轨道交通企业的票款收入管理流程可分为两种。

（一）票务科集中模式

该模式票款全部由客运部门票务科集中后，解缴银行。具体流程如下：

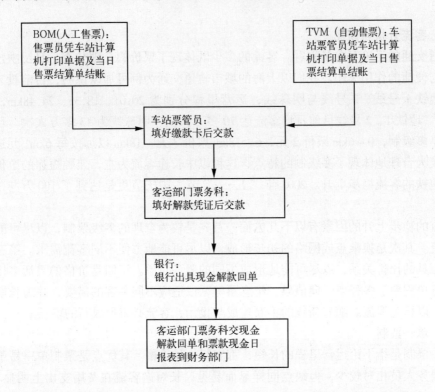

（二）银行办事处集中模式

该模式票款由车站票管部门直接解缴设在车站或中心站上的银行办事处，具体流程如下：

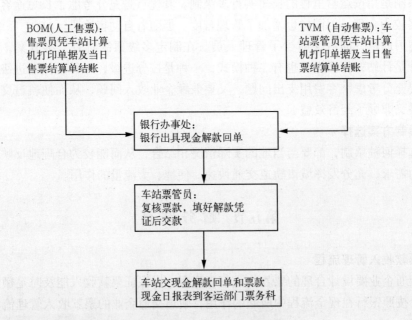

注：根据各公司的不同情况，轨道交通企业可选用合适的票款管理流程。

二、运营报表

城市轨道收费系统的运营报表是由收费系统的<u>票务管理中心</u>负责制作、审核并且向各相关部门发布的。

目前主要的运营报表有：客流统计报表、发售收入统计报表、运营收入报表、小时客流报表、票种使用情况报表和断面客流报表等。

客流统计报表：统计日、月、年各个站点的客流情况。

发售收入统计报表：统计各发售点的当日发售各类票种的数量、金额。

运营收入报表：统计消费者在各台终端设备上当日的消费数量、金额。

小时客流报表：统计各站点每小时通过人数。

票种使用情况报表：统计当日各类票种的使用比例，便于决策层推出新的票种，吸引更多的客流；此外还统计当日的单程票发售数与实际使用数的差异，便于计算每日的票卡流失数量。

断面客流报表：这是使用自动售检票系统后开发的一项报表。它利用自动售检票系统记录每个乘客的起始站和终止站，通过一系列的数据处理生成断面客流报表。

发布报表的方式目前主要有两种：

传真：这是较为传统的方式，但这种方式效率低、字迹模糊，在无纸化办公的将来势必会被替代。

网上发布：随着网络的发展，各个公司都会有自己的局域网。运营公司管理中心就可以将每日的报表及时在网上发布。通过对不同用户的权限管理，保证数据及时、安全、可靠地转递到相关人员。

三、联网结算管理流程

联网结算的有关业务是通过卡公司和营运单位进行发卡、清算等作业实现的。主要涉及以下定义：

卡公司：负责公共交通卡发行、清算的管理单位。

营运单位：参加交通卡系统的各公交营运公司、地铁、轻轨、轮渡公司等从事公共交通业的机构。

会员单位：与卡公司签定有关协议，并切实履行其权利义务的单位。

卡或"交通卡"：指卡公司发行的交通卡。

成品卡：从 IC 卡供应商处购得，尚未初始化的"交通卡"。

商品卡：已经初始化，可供领用、销售的"交通卡"，包括零值卡、充值卡。

零值卡：已经初始化，卡内资金为零的"交通卡"。

充值卡：已经初始化，卡内有一定量余额的"交通卡"。

交易：各营运单位提供本结算系统涉及的营运服务的行为。

交易款（交易收入）：乘客使用"交通卡"，乘坐相关交通工具，各运营单位相应获得的票款。

售卡款（售卡收入）：乘客购买交通卡所支付的卡的押金。

充值款（充资收入）：顾客为增加交通卡内电子钱包的金额所支付的等量货币。

充值手续费：各运营单位的充值网点代理充值所收取的手续费。

交易结算：卡公司对各运营单位的交易收入进行清分，并根据清分结果将款项划至各运营单位的行为。

交易结算手续费：卡公司进行交易结算收取的手续费。

（一）联网结算系统收款及结算的管理流程

1. 业务的委托：卡公司许可具有会员资格的各营运单位所属充值网点代理售卡及充值业务，双方应签定《公共交通卡发售、充值及回收服务协议》并遵照执行。

2. 交通卡的领取：卡的领取采取由各营运单位（会员单位）统一领取的原则，各营运单位领卡时，需同时出示该单位的会员卡及领卡人身份证明，并填写"代销领卡单"。代销单位领卡，一般情况下只能领取零值卡，特殊情况下可领取充值卡。卡的押金和售卡手续费每月结算一次。各运营单位需妥善保管已领取的交通卡，如发生差错或遗失由该运营单位向卡公司赔偿相应的损失。

3. 售卡及充值收款方式：各营运单位可以根据充值网点的条件决定售卡、充值的收费方式，无论采用哪种方式均须确保资金的可靠和安全。采用支票收款方式，先给付"提货单"，待三天后收妥货款再提交专用发票及充值卡。

4. 售卡及充值收入的解交：各充值网点每日售卡收入、充值收入，必须及时解交各公司的结算专用账户。具体解交方式由各营运单位决定，但必须保证该项资金的安全、完整与适当的流动性。

5. 卡的回收：交通卡的回收由公司指定的回收点办理。卡的回收分为退卡回收和换卡回收。如同时满足下列条件，回收时需退回押金：购卡日至回收日不超过3年，卡的性能完好，卡面无任何损伤，非记名卡、非纪念卡。

6. 对账：在一卡通开通初期，采用方案一：各营运单位每天汇总所属各充值点当日的售卡充值收入和退、换卡收入的货币资金收入情况，于隔日传送至卡公司清算中心。卡公司每天根据电子清算系统的上一天的数据与各营运单位对账（缺点：卡公司工作量大，需设多名对账员）。等一卡通系统稳定，人员业务熟悉、制度完善后，可采用方案二：由卡公司下发对账单。无论各营运单位实际收到资金情况，均以卡公司的数据为准。对账工作一般情况下由卡公司财务部与各营运单位财务部负责，遇特殊情况责成卡公司市场部公共关系负责人调查解决。

（二）交易收入、手续费、退卡资金、退卡手续费的划拨具体方法和流程

1. 手续费的给付和收取

（1）售卡手续费：按月结算，由卡公司向各营运单位支付；

（2）充值手续费：按月结算，由卡公司向各营运单位支付；

（3）退卡资金的给付：客户退卡时由各退卡点按卡内资金余额垫付，各营运单位上交回收的旧卡时由卡公司偿付；

（4）交易手续费：按月结算，由各营运单位向卡公司支付。

2. 资金的划付

每月第一个星期开始对各营运单位上月（卡公司将为每一个营运单位安排一个结算日"S"，"上月"指T月（S+1）日至（T+1）月S日）各类收入和手续费进行轧差结算。轧差结算公式如下：

结算款 = 上月的充值款 − 交易结算手续费 − 上月交易款 − 充值手续费

结算款大于零，由各营运单位将结算款划至卡公司的指定账户；结算款小于零，由卡

公司将结算款划至各营运单位的指定账户。

3. 充值留用额的计算

如果各营运单位月平均充值款大于月平均交易款，可留有月充值款的一部分，留用额的计算公式如下：

留用额 = （月平均充值款 – 月平均交易款）× 月平均交易款 ÷ 月平均充值款

月平均指当前月及前 11 个月发生的算术平均数，每月结算。

4. 实际轧差公式如下：

（1）当月平均充值收入 – 月平均交易收入 > 0

结算款 = 上月充值款 + 交易结算手续费 + 上月留用额 – 本月留用额 – 上月交易款 – 充值手续费。

（2）当月平均充值款 – 月平均交易款 < 0

结算款 = 上月充值款 + 交易结算手续费 + 上月留用额 – 上月交易额 – 充值手续费。

结算款大于零由营运单位向卡公司划付、结算款小于零由卡公司向营运单位划付。

5. 结算款的划账

结算双方（指卡公司和各营运单位）于结算日后一天，将上述结算款项划至对方专用账户。

第五章 城市轨道交通经济技术指标的分类及计算方法

第一节 城市轨道交通经济指标分析与分类

一、运营指标分析及计算方法

（一）客运量（人次）

在单位时间内（年、月、日）运送的乘客人次。包括普通乘客人次、定期票乘客人次等。

1. 计算单位：人次

2. 计算公式

$$客运量（人次）＝普票乘客人次＋月票乘客人次$$

3. 计算方法

（1）普票乘客人次在实行分线乘车票制时，每张客票计算一个人次。在实行单一票制可乘坐多条线路时，每张客票的人次由客流调查确定（在使用自动售检票系统时可由系统直接确定）。

（2）月票乘客人次（人次）＝（每张月票）日乘车次数×售出月票张数×相应日历日数。月票日乘车次数由客流调查资料确定（在使用自动售检票系统时所有车票均按普票处理）。

（二）平均运距

乘客每次乘车的平均距离。

1. 计算单位：km/次

2. 计算方法

平均运距由客流调查资料确定（在使用自动售检票系统时由系统直接计算出结果）。

（三）客运周转量

在一定时期内（通常是年）完成的乘客人公里数。

1. 计算单位：人公里

2. 计算公式

$$客运周转量（人公里）＝客运量×平均运距$$

（四）客流量（断面客流量）

一定时间内，沿同一方向通过地铁线路某断面的乘客数量，又称为断面客流量。城市轨道交通量常用指标是高峰小时最大断面客流量和全日分时最大断面客流量。根据断面客流量可以计算：客流方向不均衡系数、客流断面不均衡系数、客流时间不均衡系数。

1. 计算单位：人

2．计算方法

用客流调查方式取得（在使用自动售检票系统时由系统直接计算出结果）。

（五）运营车辆数

为完成乘客运输任务所需技术状态良好的车辆数。

1．计算单位：辆

2．计算方法

以企业固定资产台账已投入运营的车辆数为准。

新购入的运营车辆，自交付运营之日起计算运营车数。

报废的运营车辆，自批准之日起，不再计算运营车数。

（六）运营车日

所有运营车辆的车日总数。

1．计算单位：车日

2．计算方法

运营车辆均应计算运营车日。

（七）完好车日

技术状况 完好的运营车辆的车日总数。

1．计算单位：车日

2．计算公式

完好车日（车日）＝运营车日－（全日检修车日＋待修车日＋待报废的车日）

3．计算方法

凡当天出车参加过运营或虽未参加运营但处于完好状态的车辆均应计算完好车日。当天修理的运营车辆只要在16时前竣工，验收合格可以参加运营的均作完好车日计算。

（八）工作车日

为运营而上线工作的运营车辆的车日总数。

1．计算单位：车日

2．计算方法

运营车辆只要当日出车参加过运营均计算工作车日。为调试、救援或其他专项任务上线的车辆不计算工作车日。

（九）客位数

运营车辆的额定载客量。

1．计算单位：人、客位

2．计算公式

客位数（客位）＝乘客座位数＋车厢有效站立面积×每平方米允许站立人数

注：客车有效站立面积允许站立人数暂按每平方米6人计算。

（十）运营线路条数

为运营列车设置的固定运营线路总条数。（地铁列车是指具备规定标志，以站外运行为目的的车组）。

1．计算单位：条

2．运营线路总长度

全部运营线路的长度之和。

3. 计算单位：km

4. 计算公式

运营线路总长度（km）=∑各条运营线路的长度=∑1/2（上行起点至终点里程 + 下行起点至终点里程）

5. 计算方法

测定上下行起点至终点的里程时，按始发站站中心至终点站站中心沿正线线中心测得的长度计算。

运营线路不包括折返线、侧线、支线、渡线、避车线、联络线及库线的长度。

（十一）运营线路网长度

地铁运营线路所通过的线路净长度。

1. 计算单位：km

2. 计算公式

运营线路网长度（km）=∑运营线路总长度 – 重复线路长度

（十二）线路延展长度

地铁全部建筑线路长度之和。

计算方法

从线路起点的道岔尖端或车挡内侧的坡脚量起至终点的道岔尖端或车挡的所有线路，按单线长度计算，复线加倍。

（十三）开行列数

地铁列车为运送乘客而行驶的次数。各种编组的列车在运营线路上行驶 1 个单程，不论是全程运行或是小交路折返，均按 1 列车计算，图定回库列车计入开行的旅客列车数内。专运列车和调试列车等另行统计。旅客列车分别按全日、上行和下行开行列车计算。折返列车数按各折返站分别计算。

1. 计算单位：列次

2. 计算方法

地铁列车在运营线路上行驶一个单程，不论线路长短，是全程或是区间，均作一列次计算。

（十四）运营里程

运营车辆为运营在线路上行驶的全部里程。它包括运行图图定的车辆空驶里程和由于某种原因产生的车辆空驶里程。

1. 计算单位：车公里

2. 计算方法

运营里程指为运营业务在线路上载客行驶和空车行驶的全部里程。

以列车计算的运营里程称为列车运营里程。计算单位：列公里。

（十五）总行驶里程

运营车辆所行驶的全部里程。

计算公式

总行驶里程（车公里）=运营里程调试车里程 + 救援车里程 + 科学实验里程

（十六）客位里程

各类车辆客位数与相应运营里程的乘积，用以表示企业为乘客提供的运载能力。

1. 计算单位：客位公里

2. 计算公式

$$客位里程（客位公里）= \sum（各类车辆客位数×相应的运营里程）$$

（十七）完好车利用率

工作车日与完好车日之比，用以表示完好车辆的实际利用程度。

计算公式

$$完好车利用率 = 工作车日/完好车日×100\%$$

（十八）工作车率

工作车日与运营车日之比，用以表示运营车辆的利用程度。

计算公式

$$工作车率 = 工作车日/运营车日×100\%$$

（十九）里程利用率

总行驶里程中运营里程所占的比重。

计算公式

$$里程利用率 = 运营里程/总行驶里程×100\%$$

（二十）车日行程

运营车辆每个工作车日平均行驶的运营里程。

1. 计算单位：km/天

2. 计算公式

$$车日行程（km/天）= 运营里程/工作车日$$

（二十一）运营速度

地铁列车在运营线路上运行时的速度。

1. 计算单位：km/h

2. 计算公式

运营速度（km/h）= 2×运营线路长度/（往返行驶时间 + 上下行终点调头和停站时间）×60

注：往返时间、单程时间、调头和停站时间均以"min"计算（下同）。

（二十二）运送速度（旅行速度）

地铁列车在运营线路上运载乘客时的速度（包括列车在各中间站的停站时间）。

1. 计算单位：km/h

2. 计算公式

$$运送速度（km/h）= 运营线路长度/列车全程行驶时间×60$$

（二十三）技术速度

列车在运营线路上运行（不包括列车在中间站的停站时间）的运行速度。列车在各区间运行时间包括列车起动加速、在区间纯运行、慢行以及制动停车等时间，不包括地铁列车在运营线路上停站时间和列车在线路两端的折返停留时间。

1. 计算单位：km/h

2. 计算公式

    计算速度（km/h）＝运营线路长度/（单程行驶时间 – 中途停站时间）×60

（二十四）满载率

客运周转量与客位里程之比，用以表示车辆客位的利用程度。

计算公式

满载率 ＝ 客运周转量/客位里程×100%

（二十五）线路负荷

地铁运营线路网平均负担的乘客人数。

1. 计算单位：人

2. 计算公式

线路负荷（人）＝客运周转量/运营线路网长度

（二十六）乘客密度

地铁列车在运营中，每车平均载有的乘客人数。

1. 计算单位：人/车

2. 计算公式

乘客密度（人/车）＝客运周转量/运营里程

（二十七）运行图兑现率

实际开行列车数与运行图定开行列车数之比，用以表示运行图兑现的程度。

1. 计算公式

运行图兑现率 ＝ 实际开行列车数/图定开行列车数×100%

2. 计算方法

实际开行列车中不包括临时加开的列车数。

（二十八）正点率

正点列车次数与全部开行列车次数之比，用以表示运营列车按规定时间正点运行的程度。列车正点率分为始发正点率和到达正点率。凡按客流变化而抽线或加开列车、准点始发、准点终到的列车都统计为正点列车数。早点或晚点不超过规定时间的也按正点统计。

1. 计算公式

正点率 ＝ 正点列车次数/全部开行列车次数×100%

2. 计算方法

凡按运行图图定的时间运行，早晚不超过规定时间界限的为正点列车，正点的时间界限不得超过列车最小间隔时间的 1/3，以 min 为单位计算。

（二十九）平均车班公里

运营列车每一乘务班次在一个工作日中所行驶的里程。

1. 计算单位：km/班

2. 计算公式

平均车班公里（km/班）＝日平均列车运营里程/平均日班次

3. 计算方法

地铁实行大三班制，工作 12 小时休息 24 小时，若按 8 小时工作日核算，需乘以 0.795 求得。

二、安全指标分析

注：服务指标已另立标准，此处省略。

（一）行车事故次数

地铁列车在运营行驶中所发生的事故次数。

1. 计算单位：次

2. 计算方法

行车事故按性质、损失及对行车的影响程度分重大事故、大事故、险性事故和一般事故，事故分类按政府有关部门法规执行。

（二）行车责任事故次数

行车事故中，由地铁企业负全部或部分责任的事故次数。

1. 计算单位：次

2. 计算方法

事故责任的区分按上级政府部门法规确定。行车责任事故中的重大事故和大事故要分别统计。

（三）行车责任事故频率

运营列车每行驶百万公里运营里程平均发生行车责任事故的次数。

1. 计算单位：次/百万列公里

2. 计算公式

行车责任事故频率（次/百万列公里）＝（行车责任事故次数/列车运营里程）×100%

（四）行车责任事故伤亡人数

行车责任事故造成受伤和死亡的人数。

1. 计算单位：人

2. 计算方法

受伤人数包括重伤和轻伤的总人数。

死亡人数包括当场死亡和由于受伤后伤情发展而死亡的人数。但伤、亡两项人数不得重复计算。受伤后因伤情发展死亡人数计算方法按上级主管部门有关法规执行。

三、技术与消耗指标

（一）完好车率

完好车日与运营车日之比，用以表示运营车辆技术状况完好的程度。

计算公式

$$完好车率 = 完好车日/运营车日 \times 100\%$$

（二）大修车数

大修竣工（包括车辆及车载通信、信号设备）并交付运营的车辆数。

1. 计算单位：车

2. 计算方法

大修车数依据修理竣工并在线路调试后正式交付运营的车辆数计算。

（三）车辆大修平均停修车日

大修车辆从停运送修时起到竣工交付运营所占用的天数。

1. 计算单位：天

2. 计算公式

$$车辆大修平均停修车日（天） = \sum 大修车停修车日/大修车总数$$

（四）车辆临修频率

运营车辆每行驶千公里平均发生的（包括车辆及车载通信、信号设备）临修次数

1. 计算单位：次/千车公里

2. 计算公式

$$车辆临修频率（次/千车公里） = 车辆临修次数/总行驶里程$$

临修次数指运营车辆临时发生故障，经技术工人修理的次数。驾驶员自行排除的不计算临修次数。

（五）列车故障下线频率

运营列车每行驶万公里运营里程因故障离开运营线路回库的平均次数。

1. 计算单位：次/万列公里

2. 计算公式

$$列车故障下线频率（次/万列公里） = 车辆故障下线次数/列车运营里程$$

（六）车辆平均技术等级

运营车辆技术等级的平均值。

计算公式

$$车辆平均技术等级（级） = （级别 \times 相应级别车数）/运营车数$$

技术等级的划分按企业或上级主管部门有关规定执行。

（七）列车监控系统故障频率

行车控制计算机每运行千小时平均发生故障的次数。

1. 计算单位：次/千小时

2. 计算公式

$$计算机故障频率（次/千小时） = 故障次数/计算机运行总时间（小时）$$

（八）行车电能消耗（牵引电耗）

运营车辆每行驶百公里运营里程平均消耗的电能。

1. 计算单位：千瓦小时/百车公里

2. 计算公式

$$行车电能消耗（千瓦小时/百车公里） = 运营耗用牵引交流电总量/运营里程 \times 100\%$$

3. 计算方法

运营车辆装有电度表时，可按直流耗电量计算。

（九）牵引供电故障频次

运营时间内月平均发生的牵引供电故障次数。

1. 计算单位：次/月

2. 计算公式

$$牵引供电故障频次 = 年牵引供电故障次数/12$$

四、劳动工资指标

（一）全部从业人员人数

企业全部在册的职工人数，包括企业使用的劳务工人数、离退休聘用人数、外地劳动

力人数的全部从业人员人数。

1. 计算单位：人

2. 计算方法

按国家和上级主管部门的有关规定执行。

（二）职工总数

企业全部在册的职工人数。

1. 计算单位：人

2. 计算方法

按国家和上级主管部门的有关规定执行。

（三）平均人数

企业在一定时期内平均拥有的全员人数（或全部在册职工人数）。

1. 计算单位：人

2. 计算公式

$$平均职工人数（人）＝日职工总数/相应日历日数$$

在全员人数（职工人数）变化不大的企业，月平均职工人数可用下面公式求得：

$$月平均职工人数（人）＝（月初职工人数＋月末职工人数）/2$$

年平均职工人数（人）＝（上年12月人数/2＋1月份人数＋2月份人数＋3月份人数＋4月份人数＋5月份人数＋6月份人数＋7月份人数＋8月份人数＋9月份人数＋10月人数＋11月份人数＋当年12月份人数/2）/12。

（四）全部劳动报酬

1. 计算单位：元

2. 计算方法

按国家或上级主管部门的有关规定执行。

（五）工资总额

企业在一定时期内实际支付给全部职工的报酬总额。

1. 计算单位：元

2. 计算方法

工资总额的计算按国家或上级主管部门的有关规定执行。

（六）年平均工资

企业在一年中支付给职工的平均工资收入。

1. 计算单位：元/人年

2. 计算公式

$$年平均工资（元/人年）＝年工资总额/年平均职工人数$$

（七）全员劳动生产率

企业在一定时期内人均生产产品的数量，用客运周转量表示。

1. 计算单位：人公里/人

2. 计算公式

$$全员劳动生产率（人公里/人）＝客运周转量/全员平均人数$$

企业产品也可以用客运量或运营收入表示。计算公式如下：

$$人均客运量（千人次/人）= 客运量（千人次）/全员平均人数$$
$$人均运营收入（元/人）= 运营收入/全员平均人数$$

运营收入指按不变价格计算的收入。

（八）平均公里人数

企业在一定时期内的全员人数与运营里程的比例。

1. 计算单位：人/km

2. 计算公式

$$平均公里人数 = 全员平均人数/运营里程$$

（九）职工工伤事故伤亡率

企业因工伤事故伤亡的职工人数占全部职工人数的比重。

计算公式

$$职工工伤事故伤亡率 = （工伤事故伤亡人数/平均职工人数）\times 1000‰$$

五、财务指标

（一）运营总收入

企业运营所得的货币金额之和。

1. 计算单位：元

2. 计算方法

运营总收入包括普通票收入、月票、季票收入。（运营总收入包括各种车票的实际扣值收入。）

（二）运营总成本

企业为完成运营服务所发生的按国家规定应列入成本开支范围的总费用。

1. 计算单位：元

2. 计算方法

成本开支范围按上级主管部门有关规定执行。

（三）定额流动资金

企业在全部流动资金中，根据计划任务与正常需要核定占用金额，并实行定额管理的流动资金。

1. 计算单位：元

2. 计算方法

定额流动资金的范围按上级主管部门有关规定执行。

（四）运营利润

企业运营生产所实现的利润。

1. 计算单位：元

2. 计算公式

$$运营利润（元）= 运营总收入 - 运营税及附加运营总成本 - 运营总成本$$

（五）利润总额

企业的运营利润、投资净损益及营业外收支差额之和。

1. 计算单位：元

2. 计算公式

利润总额（元）＝运营利润＋投资净损益＋营业外收入－营业外支出

（1）投资净损益：企业对外投资收入减去投资损失后的余额。

（2）营业外收入是企业运营业务以外的收入。

（3）营业外支出是企业营业业务以外的支出。

（六）单位成本

企业单位服务产品（用运营里程表示）所消耗的运输成本。

1. 计算单位：元/千车公里

2. 计算公式

千车公里成本（元/千车公里）＝运营成本/运营里程

根据需要服务产品也可用客运周转量或客运里程表示，计算公式如下：

千人公里成本（元/千人公里）＝运营总成本/客运周转量

千客位公里成本（元/千客位公里）＝运营总成本/客位里程

（七）每车占用定额流动资金

企业每车平均占用的定额流动资金数额。

1. 计算单位：元/车

2. 计算公式

每车占用定额流动资金（元/车）＝定额流动资金平均余额/期末运营车辆数

定额流动资金平均余额是指一定时期内为完成运营业务而平均占用的流动资金数额。

第二节　运营成本分析与经济效益分析

一、运营成本分析

运营成本是一项综合性的质量指标，其实质是在创造社会财富时的劳动耗费，而社会财富，即产品的价值由 C＋V＋M 组成（C＝物化劳动转移价值；V＝活劳动的价值；M＝税金和利润）。可知，产品价值中的 C＋V 构成了成本。

在轨道交通行业中，运营成本的确定是十分重要的，它是确定运输生产耗费的尺度，是计算经营利润的基础，是进行经营决策的依据，是衡量企业经营管理水平，促进企业管理的手段。同时，它是制定运输价格的重要依据。

二、运营成本分析的基本原理

轨道交通运输产品是旅客的位移，它是在特定的环境中为完成特定任务而产生的，受到社会、经济、自然环境的制约，这些是运营成本产生并致力调节的基本关系。

在进行运营成本分析时，必须考虑以下关系：

（1）与社会、经济、自然环境之间的关系；

（2）与运输方式的特定形式的关系；

（3）与运输过程之间的关系；

（4）总成本与个别成本之间的关系；

（5）成本结构因素之间的关系。

运营成本的分析可应用系统和结构理论的方法，一般可认为它是一个丰富内容与多种关系组成的有机整体和动态网络结构。

运营成本从结构上划分可以有以下几个层次：

（1）宏观成本和微观成本；

（2）整体成本和个别（内部）成本；

（3）纵向成本和横向成本；

（4）单位成本因素对运营成本的影响程度。

运营成本作为一个经济范畴，是由许多项目构成的，作为一个系统，它应包括：物质消耗（材料、燃料、电力、折旧等）、活劳动消耗等支出、按经济用途确定的成本项目，以及运输过程中各环节的过程成本等。

三、轨道交通运输经济效益特点

正确地进行经济效益评价，不仅要考虑经济效益的一般要求，还要考虑各企业、各部门、各方案的具体情况。就运输企业而言，其经济效益有如下特点：

（1）保持国民经济的适应性

交通运输是国民经济的基础结构部门，是国民经济发展必不可少的，因此，交通运输的能力、条件，如果适应国民经济发展的需要，其经济效益就大，反之就小，甚至没有效益。当运输能力与国民经济发展比例严重失调时，还会限制其他部门发挥经济效益，出现负效益。所谓适应性意味着运输能力如果大大超前国民经济的发展需要，则运输能力就会闲置，运输投入也不能产生经济效益。轨道交通建设周期长，一般需要几年时间，但运输发展必须先行。既要适应，又要先行，这就要求轨道交通与国民经济的发展，或者与外部联系上更要特别注意计划性和比例性。

（2）运输产品质的内涵具有综合性

讲究经济效益必须明确一个主要的观念，即以尽量少的劳动消耗和物质消耗生产出更多符合社会需要的产品。"社会需要"对于运输产品而言，不仅有数量要求也有质量要求。质量包括安全、迅速、舒适、方便等方面。这种质的综合性说明，反映经济效益的指标不可能是单一的，而是一个系统。

（3）运输产品具有瞬时性

运输产品是人和物的位移，产品不具有实物形态，产品的生产过程与消费过程同时进行，产品不能储存，不能调拨，因此运输企业要留有充分的后备能力，才能适应运输的需要。储备能力，实际要增加投资支出及运营费用，对于发挥经济效益来说，这是不利的因素。运输业的这种特点，决定了它在技术进步过程中，不淘汰产品，只淘汰设备、淘汰有关作业。所以设备更新，作业改革，是运输企业技术进步的主要内容，也是在探讨经济效益问题时必须注意的方面。

（4）经济效益的发挥，在时间上是长远的，在空间上是广阔的，经济效益产生往往是滞后的。

轨道交通充分发挥作用要几年以后，因为沿线开发要有个过程，轨道交通运输的效益一般是不断向上的，不像一般工业生产，存在着衰退与消亡阶段。从空间范围来说，轨道交通运输局部出现问题，所影响的常常不仅是沿线，而且还影响由轨道交通来沟通的更广阔的地区。因此，在评价经济效益时，要有时间及空间观念。

（5）设备运用效率是关键性的环节

在提高经济效益过程中，轨道交通运输是大系统，总体性强，运输生产过程往往延伸几十公里或上百公里，而整个过程又有各个运输环节，各个运输环节之间的协调配合也很重要。轨道交通设备数量大，种类多，占用资金多。轨道交通生产资金中固定资金占90%以上，固定资产折旧费约占运输成本的50%，因此设备运用好坏对经济效益关系重大，轨道交通各类设备数量、质量、构成及其后备，都要协调配合，才能充分发挥各类设备的效益。

（6）轨道交通运输应更多注重费用型运输产品的销售价格，在中国由于涉及国民经济各部门，目前一般不能轻易改变。如需变更运价必须层层申报并经批准，因此在一个相当时期内，收入水平大体稳定。经营的效益，更多取决于降低消耗。所以在保证运输质量的前提下，节约运输支出，降低运输成本，对提高经济效益具有重要意义。

四、经济评价的主要指标

轨道交通运输属公共交通项目，其经济效益评价与分析应从国民经济整体利益出发，按实际消耗来衡量，把国民经济放在主导地位，着眼于分析宏观社会成本和效益，微观经济效益应服从整体的宏观效益，定性分析与定量分析相结合。

轨道交通的社会效益包括节省乘客旅行时间、加速车辆周转时间、减少事故损失、降低能源消耗和环境污染程度等。

运输项目经济评价指标按是否考虑货币时间价值，可分为静态评价指标和动态评价指标。

（一）静态评价指标

1. 静态投资回收期（N）

投资回收期是指以项目的净收益抵偿全部投资（固定资产投资）、投资方向调节税和流动资金所需要的时间。投资回收期（以年表示），一般从建设开始年算起。其表达式为：

$$总投资额 = \sum T 年净现金流量$$

在财务评价中，当计算所得 N <= 行业标准回收期时，该项目可行。

2. 投资利润率

投资利润率，是指项目达到设计生产能力后的一个正常生产年份的年利润总额与项目总投资的比率，它是考察项目单位投资盈利能力的静态指标。对生产期内各年的利润总额变化幅度较大的项目，应计算生产期平均利润总额与项目总投资的比率。

3. 资产负债率、流动比率

项目清偿能力分析主要是考察计算期内各年的财务状况、偿还能力。主要指标包括资产负债率、流动比率等。

资产负债率是企业负债总额与资产总额的比率，是反映企业长期偿还能力的指标。其表示式：

$$资产负债率 = 负债总额 / 资产总额 \times 100\%$$

流动比率是企业的流动资产与流动负债的比率。流动资产包括现金及各种存款、应收账款、有价证券、存货等。流动负债包括应付账款、应付票据、短期借款、应付税款等。流动资产是企业偿还流动负债的基础。流动比率越大，说明企业偿还能力越强，企业安全程度越好，一般以2:1为宜。但流动比率也不能过大，比率过大有可能造成企业资产没有被有效地利用而影响获利能力。

（二）动态评价指标

1. 净现值（NPV）

运输项目在整个寿命期内，按规定的基准贴现率（I）将各年所发生的现金流量折算到现值的总和，称为净现值。它是考察项目在计算期内盈利能力的动态指标。

2. 内部收益率

内部收益率是指项目在整个计算期各年净现金流量现值累计等于零时的折现率，它反映项目所占用资金的盈利率，是考察项目盈利能力的主要动态指标。

3. 效益费用比（BCR）

即投资和经营费用投入后与所得的效果的比值，当效益大于费用，即比值大于 1 时，项目可取。与净现值指标相比，净现值指标是绝对指标，而效益费用比则为相对指标。从理论上讲，若两方案投资额不等时，对互斥方案的比选宜选用相对指标。

4. 年平均费用（AAC）

将投资总额折算为年投资额和年运营费用相加。其年平均费用最小者为最佳。此方法适用于各方案收益相等，寿命期不等的情况。

经济效益分析是通过许多评价指标的计算进行的，它以财务现金流量表、利润表等报表为计算基础。它与常规的会计方法不同，不计算非资金收支的款项，仅考虑项目实际的资金收支活动，如实反映资金收支活动，因此不包括固定资产基本折旧等内部资金转移。经济效益分析通常分为财务评价和国民经济评价。

第三节　经济效益的财务评价

经济效益是指人们在社会生产活动中为满足需要产生的投入与产出的绝对效果及对比效率的统一。任何一项技改或能力加强方案的实施，项目的投资，都必须对其进行经济效益的计算，以便在此基础上作出正确的决策。

一、运输项目经济评价的特点

现行的运输项目经济评价方法具有以下特点：

（1）静态分析与动态分析相结合，以动态分析为主

以往很长一段时间内，对投资效果的评价采用静态分析方法，即不考虑货币时间价值的评价方法。这种方法简单、省时、直观，但不能反映整个投资期和寿命期经济活动的全过程，也不能反映整个经济活动中的资金时间价值。因此，要强调考虑时间价值，利用复利计算方法将不同时间的效益与费用的注入和流出折算成同一时点的价值，以便为不同方案和不同项目的经济比较提供相同的基础，并能反映出未来时期的发展变化情况。

（2）定性分析与定量分析相结合，以定量分析为主

经济评价的本质要求是通过效益和费用的计算，对项目投资和生产过程的诸多经济因素给出明确、综合的数量概念，从而进行分析和比较。因此，采用的评价指标力求能够正确反映生产的两方面，即项目所得与项目所费的关系。

（3）全过程经济效益分析与阶段性经济效益分析相结合，以全过程经济效益分析为主

经济评价的最终要求是考察项目计算期，即建设期和生产经营期全过程的经济效益。应强调把项目评价的出发点和归宿点放在全过程的经济分析上，才能够反映整个计算期内

经济效益的内部收益率、净现值等指标，并用这指标作为项目取舍的判别依据。

（4）宏观效益分析与微观效益分析相结合，以宏观效益分析为主

对项目进行经济评价，不仅要看项目本身获利多少，有无财务生存能力，还要考察项目对国民经济有多大贡献以及需要国民经济付出多大代价。现行方法规定，财务评价和国民经济评价结论均可行的项目，应予以通过；反之应予以否定。国民经济评价不可行的项目，一般应否定，对某些财务评价不可行，国民经济评价可行的项目，可进行"再设计"，必要时可提出采取经济优惠措施的建议。

（5）价值分析与实物分析相结合，以价值分析为主

分析一个投资项目经济效益，可以从价值量、实物量两方面着手。如某个投资改造项目实施，可以增加运输收入，节约运输成本；也可以分析节省机车台数、车辆辆数、劳动力的节省数、燃料节省数以及通过能力的节省数等，但最终强调把物资因素、劳动因素、时间因素等量化为资金价值因素，在评价中对不同项目或方案用可比的同一价值进行分析，并据此判别项目或方案的可行性。

（6）预测分析和统计分析相结合，以预测分析为主

进行项目经济评价，既要以现状水平为基础，又要有根据地预测。在对效益费用流入流出时间、数额进行常规预测的同时，还应对某些不确定因素的风险性作出估计。

二、运输项目财务评价效益和费用的计量

（一）运输项目财务评价效益计量

1. 运量增长带来的效益

运量增长带来的微观效益包括两个方面：

（1）增加运输收入；

（2）节约与运量无关的支出，降低运输成本。

2. 提高机车车辆运用效率，降低与运量有关支出

运输项目投资的效果，一般以提高活动设备运用效率来体现，表现为活动设备质量指标（运用效率指标）的变动。而活动设备的质量指标与数量指标存在着一定关系，从而形成了活动设备运用数量指标的变动。

轨道交通运营指标之间关系错综复杂，一个数量指标往往可以从不同角度、不同方面、用不同的公式计算得到，因此对于具体的投资方案，可以分别测算出各个数量指标的变动量，然后用支出率法计算运营支出的节省。所谓支出率，是单位数量指标的相关支出额。

3. 车辆、机车占用费或购置费的节省

车辆运用量数（N）可以采用如下两种方法计算：

（1）车辆日车公里法

　　N＝全年计划车辆总走行公里（即车公里）/计划车辆日车公里×365（辆日）

（2）车辆周转时间法

$$N＝日均工作量×车辆周转时间（天）（辆）$$

可以看出，车辆日产量（运用车动载重×车辆日车公里）的高低，车辆载重的提高，周转速度的加快，是影响运用车数的主要因素。反映在数量指标上，车公里、车小时指标的减少，会使运用车数同方向变化。因此，提高车辆运用效率，还会节省车辆数，从而节

省车辆占用费或购置费。

车辆占用费节省额 = 车辆每车日占用费 × 运用车量节省费 × 年日历天数

若由于运用车数的节省，可少购车的话，则有

节省车辆的购置费 = 每辆车辆购置费 × 运用车辆节省数/车辆运用率

同理，综合计算运用机车（不包括补机）数 M 时，也可采用以下两种方法：

(1) M = 机车全周转时间（天）× 列车对数（台）

(2) M = 全部机车小时/24 × 365（台日）

公式表明，提高旅行速度，缩短车辆在站段的停留时间，都可以减少车辆公里、车辆小时指标，从而减少运用车辆台数，进而节省车辆（机车）占用费或购置费。

4. 实物量的节省

实物量的节省，可以通过车辆运用数量指标的节省量反映，包括下述几个方面：

(1) 劳动力的节省

与运行有关的劳动力包括：列车乘务组人员、车辆维修人员、整备人员、线路设备维修人员等。

(2) 材料、燃料的节省

燃料的节省与燃料消耗指标有关。材料包括车辆、线路维修材料，分别与车辆公里等指标有关。

5. 通过能力的节省

轨道交通的通过能力有现有通过能力和需要通过能力之分。计算公式为：

需要通过能力 = 年运输量 × 波动系数（365 × 列车定员 × 平均载客系数）

提高列车平均载客系数，可以提高通过能力，这是显而易见的。即提高了列车运能，从而减少了一定运量的需要通过能力，在现有通过能力既定条件下，可以节省通过能力，意味着通过能力的提高。

(二) 运输项目财务评价的费用计量

费用可以按支出的内容分为投资支出和运营费支出两部分。

1. 投资支出

投资支出应包括车、机、工、电、辆各部门为实施投资方案而花费的一次性建设费用。如运输部门线路的投资；车辆部门的车辆修理、列车设备的改造投资；工务部门的线路技术改造投资；电务部门的通信信号设备、触网等供电设备投资及其他有关投资等。此外，实施方案增加投资还包括增加相应的垫底流动资金。

2. 运营费用支出

运营费用支出可以分为与运量有关支出和与运量无关支出两部分。一般因实施方案而增加的运营费支出为与运量有关的支出。因此可以根据新方案实施后，各项数量指标的变化量，用支出率法计算增加的费用。

第六章　城市轨道交通营销策划

第一节　基本概念

一、城市轨道交通市场营销的含义（图6-1）

城市轨道交通市场营销是指经由交易过程来满足人们对客运服务的需要和欲望的一切活动。其中，城市轨道交通乘客的需求可概括为"安全、快速、舒适、经济"地到达目的地。

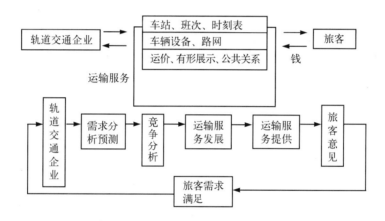

图6-1　动态含义

二、城市轨道交通市场营销管理的含义

城市轨道交通市场营销管理是指为达到大众运输组织的目标，在目标市场内，进行各项用以创造、建立和维持轨道交通企业与被服务乘客间互利方案的分析、规划、执行与控制等工作。轨道交通企业根据目标市场的需要及乘客欲望、知觉与偏好的分析，来设计运输服务产品，以期能提供有效的服务设计、定价、沟通的程序，来服务目标市场。

三、市场营销的目标

城市轨道交通企业实行各种营销计划和活动，其最终目标可简单归纳为下列几点：

（1）吸引到最多的乘客。客流量越大，城市轨道交通企业越能充分发挥其服务资源，一方面实现了轨道交通企业服务大众的目的，另一方面也可以改善轨道交通企业的财务状况。

（2）使消费者达到最大的满足。城市轨道交通市场营销的任务就是随着旅客的需求、欲望的改变，随时调整企业的服务组合，以满足旅客的需求。

（3）提高人们的生活质量。城市轨道交通是大众性运输方式，与人民的生活密切相关。所以，城市轨道企业如果能有效地提供符合人们需要的运输服务且广为旅客所接受，就能直接提高人们的生活质量。

第二节　城市客运市场细分

城市轨道交通企业，因其受资源（人力、物力、财力）的限制及乘客的不同需求偏好，所以无法为其营运地区的所有市民提供服务。城市轨道交通企业若想提高其设备与资源的营运效益，最大限度地满足乘客的需要，则必须将市场加以细分，并对各细分市场的乘客特性加以分析，根据城市轨道交通的特点，选择最能有效提供服务的细分市场，作为企业的目标市场，同时更进一步根据目标市场的需求特征，发展或调整所提供的服务，从而使乘客的需求能获得最大的满足。

一、市场细分的含义及细分变数

所谓市场细分即将整个市场依某种特征分成不同的乘客群体，使之成为特定营销组合所针对的目标市场。

将一个市场加以细分，首先要找出一系列有关影响乘客需求的因素，通常称之为细分变数，一般市场的细分变数及细分举例如表 6-1。

一般市场的细分变数及细分举例 表 6-1

变　　数	主　要　细　分　举　例
地理变数：	
区域	市区、郊区
服务地区大小	
密度	每平方公里人口数
气候	干燥区、多雨区、多雪区等
旅行长度	市区内、市区—郊区
人口变数：	
年龄	6 岁以下、6~11 岁、12~19 岁、20~34 岁、35~49 岁、50~64 岁、65 岁以上
性别	男、女
家庭人数	1~2、3~4、5 人以上
家庭生命周期	年轻单身、年轻已婚无小孩、其他
月收入	500 元以下、500~1000 元、1000~2000 元、2000~3000 元、3000~5000 元、7000 元以上
职业	经理人、高级职员、公务员、专业技术人员、一般职员、工人、农民、军人、学生、待业
教育	小学以下或小学、中学、大学、研究生
社会阶层	下、中、上
私人拥有运输工具	自行车、助动车、摩托车、小汽车
心理变数：	
生活方式	奢侈型、朴素型
个性	合群型、孤僻型、霸道型、野心型
行为变数：	
追求利益	经济、方便、声望、快速、舒适
使用状况	未使用者、过去使用者、潜在使用者、经常使用者

变　　数	主 要 细 分 举 例
使用频率	很少使用、适度使用、常使用
忠诚状况	无、中等、强烈、绝对
使用目的	工作、上学、购物、休闲、社会活动、看病、商务
使用时间	高峰期、非高峰期、每周工作日、休假日
对营销组织敏感度	服务质量、票价、广告等

二、乘客行为模式

为了能有效地选取细分市场的变数，我们必须研究城市内乘客行为模式。根据消费者行为模式，可将城市内运输市场乘客的行为模式归纳为如图 6-2。

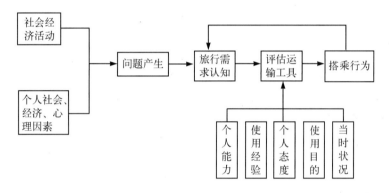

图 6-2　城市内运输市场乘客的简单行为模式

（1）问题产生：当乘客因有关社会经济活动或个人因素而产生出行的问题，乘客会采取某些行动（如开车去赴宴）或接受某些服务（如出租车或城市轨道交通）来解决其问题。

（2）旅行需求的认识：当认识到有出行问题产生并经由大脑转化成对旅行需求的认识。

（3）评估可用的运输工具：当旅行需求认识后，乘客便会将身边可用的运输工具依据以往的经验，个人对各种运输工具的态度和能力，使用的目的及当时的状态（如：天气状况、时间充裕程度、何种较方便等）加以评估。

（4）搭乘行为：乘客将选择可接受替代方案中成本最小或效用最大的运输方式来使用。

（5）反馈：事后乘客再决定此行为是否能有效地解决自己的问题，若问题能够有效解决，乘客就会继续选择这种运输方式，反之，就会考虑其他运输方式。

三、城市轨道交通企业细分市场方法

运输市场的产品是无形的，且具有抽象的同一性，所以以运输市场的细分化有其特殊的表现形式。就城市轨道交通市场而言，一条轨道交通线（从甲—乙地）就是一个运输市场，从甲地到乙地的运输市场里包括了城市轨道交通、公交汽车、出租车、自备车、自行

车、步行等多种运输方法。因此，可以根据乘客是否乘坐城市轨道交通，将市场细分为"轨道交通乘客"与"非轨道交通乘客"；再以"使用频率"的高低将乘客细分为"天天使用者"、"经常使用者"与"偶尔使用者"；再以"使用运输工具"的不同将非城市轨道交通乘客细分为"公共汽车"、"出租车"、"自备车"、"自行车"、"步行"等；其后又再依细分变数意愿，将城市轨道交通市场细分为城市轨道交通改善后"愿意"改乘城市轨道交通的人及"不愿意"的人。

可以根据图6-3各细分市场的乘客特征对比分析，了解人们选择或不选择城市轨道交通的原因。这对改善城市轨道交通服务质量、设计营销组合、提高市场竞争能力，吸引更多的乘客选择城市轨道交通等方面都具有十分重要的意义。

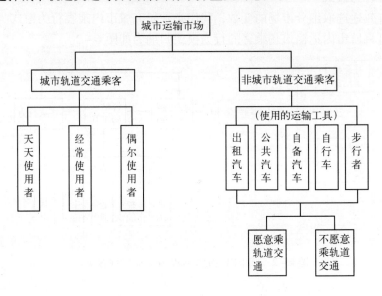

图6-3　城市交通市场细分图

第三节　营销组合

所谓营销组合，就是企业可以控制的各种市场营销手段的综合运用。人们为了便于分析使用，曾提出多种营销组合分类方法，其中以美国市场营销学家麦卡锡的分类法应用得最为广泛，麦卡锡将各种营销因素分为四大类，即产品策略（PRODUCT）和价格策略（PRICE）、分销渠道策略（PIACE）、促进销售策略（PROMOTION），简称为4P组合。根据城市轨道交通的特点，其分渠道主要指售票方法，我们将之纳入价格策略中探讨。

一、产品策略

城市轨道交通服务产品是指用以满足位移需要的全部服务，即乘客"到站、询问、购票、检票、候车、上车旅行、检票、离站或换乘"全过程所得到的服务。

（一）乘客的位移需求及其对设施、服务的要求

1. 到站

乘客搭乘地铁，首先需弄清附近地铁站的位置，然后通过出入口进入车站。

（1）乘客需求；

（2）车站位置合理；

（3）到地铁站的距离短；

（4）方便到达地铁站；

（5）地铁出入口容易找到；

（6）地铁引导系统指示明确。

2．设施需要

（1）出入口以最大限度吸引客流为准则；

（2）出入口与公交车站换乘方便；

（3）地铁标志醒目，指示牌设置合理。

（二）询问

乘搭地铁的乘客可分为一般购票乘客、老人、学生等特殊乘客及残障人士，其中购票乘客可分为熟悉城市轨道系统的乘客，如购 IC 卡的本地乘客及不熟悉城市轨道系统的乘客，如购单程票的外地乘客、旅客、乘搭地铁次数不多的本地乘客，一般需询问的多为不熟悉城市轨道交通的乘客。

1．乘客需求：乘客希望容易找到询问处、询问交流界面简单。

（1）位置合理，乘客容易发现；

（2）引导指示明确，标志醒目；

（3）规模结合乘客特点；

（4）询问人流不干扰其他人流。

2．设施及服务要求：询问处设置的服务窗口的多少、等候面积、形式需根据不同车站的乘客特点而设计，设计前需分析车站的乘客组合。服务人员要服饰整洁、热情周到、礼貌待客、服务规范。

（三）购票

进入车站付费区的乘客均需持有城市轨道交通车票，持单程票的乘客每次进入均需购票，持储值卡的乘客，当票值用光后需重新购买。

1．乘客要求：购票的乘客希望找零方便，购票容易，不需要等候过长时间。

（1）非付费区设有售票机、票务室；

（2）位置合理，在进站的流线上；

（3）引导指示明确，标志醒目；

（4）最好设有零钞兑换机；

（5）售票机、票务室数量合理，购票等候时间不长。

2．设施的设置：售票机、票务室设置的数量，所需的空间需根据不同车站的乘客组成特点及乘客舒适的购票时限而设计，设计前需分析乘客组成特点。

（四）检票

乘客购票后，将所持车票送入闸机检票口，经检票无误后，闸机开放，让乘客通过闸机进入付费区。

1．乘客需求：方便找到闸机，并能快速通过。

2．乘客对设施的要求：

（1）位置醒目，指示明确。

（2）闸机的通过能力与客流量相匹配。

3．设施的设置：闸机的数目、进出的配置需根据不同车站的乘客组成特点而设计。

（五）候车

乘客入闸后，进入付费区，到站台等候列车到达。

乘客需求：方便到达站台，舒适候车。清楚明了现在所处的位置、所需到达的目的地及需乘搭的列车。

1．站台空间宽阔，压抑感少。

2．灯光照明配置合理。

3．屏蔽门透明，框架轻巧，观感好。

4．减少噪声干扰。

5．广告位置合理，不干扰引导指示系统。

6．引导指示系统醒目，清楚。

7．空调气流组织舒适。

（六）列车旅行

1．乘客需求；方便上车，列车运行平稳，车内整洁舒适，了解列车停站的名称。

2．车辆要求：

（1）车辆外部运行方向标示明显。

（2）车辆内要有路线图展示，并标示站名。

（3）车辆内要有与该线路相交叉的轨道交通网图及相交路线的运行时刻表。

（4）车辆上的管制标语（如：禁止吸烟等）也应该清楚标示。

（5）车辆符合运行标准，车内灯光配置合理，座位舒适。

（6）列车广播信息及时、准确。

（七）检票

乘客乘坐地铁到站后，下车持票到闸机，检票出闸。乘客需求及设施设置要求同上车一致。

（八）补票

乘客到站检票，如出现丢失车票、车票损坏或补车资等情况，需到票务室办理补票。

乘客需求：容易找到、手续简单、等候时间短。

乘客对设施的要求：

1．在付费区内设置。

2．引导指示明确，容易找到。

3．数量、规模根据补票乘客的特点设置。

设施的设置：一般下车乘客中需补票的乘客所占的比例相对较低，补票业务可由票务室兼顾，所以票务室一般设于非付费区与付费区之间。

（九）离站

乘客检票出站后，通过出入口到达室外。

1．乘客需求

（1）方便出入。

（2）方便到达目的地。

2．乘客对设施的要求

（1）车站在不同街区有出入口，出入口兼作过街隧道或天桥。

（2）出入口靠近公交车站。

（3）出入口设在人流主要活动区。

（十）换乘

换乘的乘客从一个车站到另一个车站，通过通道或楼梯、扶梯到达，亦可通过站厅换乘。

1．乘客需求

（1）换乘距离短、快捷。

（2）换乘方向明确。

（3）通道照明适度、环境舒适。

（4）地下通道通风组织良好。

2．设置要求

（1）换乘通道短、直接。

（2）引导指示清晰、明了。

二、乘客对城市轨道交通服务质量的要求

（1）可及性：指获得城市轨道交通运输的难易程度。主要依靠站牌设置及轨道交通班次提供的多少而定。

（2）速度（旅行时间）：包括列车运行速度、步行时间、各种等候时间。

（3）舒适性：通常包括座椅、空气、噪声、车厢整洁、服务态度、行驶平稳度等。

（4）方便性：包括携物上车、不良天气转车、停站次数、可在车上兼做其他事等。

（5）准时性：列车出发及到达的时间是否准时。

（6）安全性：行车安全及站车次序。

（7）使用者成本：包括票价及乘客的旅行时间成本等因素。

三、价格策略

（一）轨道交通企业定价目标

（1）以低票价吸引乘客；

（2）资助那些能吸引新乘客的新措施；

（3）刺激乘客在非高峰期使用轨道交通系统；

（4）根据政府需要对某些乘客实行优惠票价；

（5）运输收入总体要能补偿运输生产费用，并能获取合理利润。

（二）价格表的种类和选择

根据国外的经验和资料，价格表的分类一般是以城市的结构和轨道交通路网的分布形状来确定的。

1．距离相关的价格表

这种价格表适用于长距离的运输，对于较高频率地出入系统的乘客不太方便。如果这种方式用于城市轨道交通系统，将导致系统的设备和管理变得相当复杂。

2．单一价格表

适用于小范围的交通网络，乘客使用方便，运营公司的操作简单，但不能体现乘距与费用的关系，有一定的不合理性。

3. 区段相关的价格表

对于运营公司和乘客来说，这种收费方式不算太复杂，也比较合理，特别适用于呈走廊形状的路网。但对于覆盖范围较大的交通路网，区段的划分有一定的难度，每个小区段之间关系的处理比较复杂，所需的票价级别也比较多。

4. 时间相关的价格表

适用范围比较广泛，可以同时用于不同性质的交通系统中，例如地铁和公交等。这种方式对乘客极为方便，乘客可以随意换乘各种不同的公交系统而不必单独购票。但由于不同公交系统所提供的服务水平和运营成本各不相同，这种方式很难体现合理的服务与价格之间的关系，对于高成本的运输系统是不利的。如果将这种方式的价格表只限于轨道交通路网的范围以内，仍然存在运距与费用的矛盾。

5. 区域相关的价格表

适用于集中式的路网结构、环行区域交织在一起的线路共同使用同一价格表，并同时考虑了乘距与费用之间关系的合理性。

6. 区域、区段组合式价格表

这种方式将区域与区段两种方式有机地组合起来，特别适用于放射形大城市的轨道交通路网结构，既能适应市中心区路网密度高、不利于区段划分的情况，又能满足城市外围路网分散，无法用区域划分的情况。

7. 短距和短时价格表

价格表用于短距离和短时间运输，必须与基本价格表结合使用，是基本价格表的一种补充。

8. 补充价格表

用于一些特殊情况下的运输，例如开行特快列车、夜间列车等。

9. 换乘价格表

一般与单一价格的票价方式结合使用。当乘客换乘其他线路的列车时，需支付一定的额外费用。

目前国内一般采用区域、区段组合方式的价格表作为城市轨道交通路网的基本价格表。

(三) 车票的种类

运营公司应该设法从运营中尽可能多地获得收入。达到这个目的的惟一办法就是使自己的运营更好地适应不同的顾客需求，以便吸引更多的乘客。

对于收费系统来说，车票的种类应尽可能去适应不同的顾客群体，在为乘客提供优质服务的同时，尽可能提高预先支付票款的比例。

可能使用轨道交通系统出行的顾客及所对应的车票种类分析：

我国城市轨道交通票种比较单一，随着轨道交通路网的建设，将逐渐扩展和确定新的票种，从而不断提高地铁系统对乘客的吸引力。

为符合封闭式票务管理的模式，同时考虑到科学技术的发展，车票的品种以磁卡票和IC卡为主。

IC 卡的使用正在逐渐得到普及，具有很大的方便性，是城市轨道交通收费方式的一个主要发展方向。目前香港和其他一些国家的交通系统已经在使用这种收费方式。

一般情况下，一部分单程票、不计程票和一些特殊用途的车票仍可采用磁卡车票，储值票一类的计程票收费可以采用 IC 卡收费方式。

（四）车票的发售

乘客对车票的选择不仅考虑费用，同时也考虑购票的过程是否方便。作为运输系统的使用者，乘客总是希望购买车票的过程非常简单，这里包含了对车票发售地点和手续方面的要求。

对于轨道交通企业来说，车票发售的方便程度不仅会影响到运输系统对客流的吸引力，同时也是影响运营公司本身人员数量、设备配置即运营成本方面的因素。

无论是乘客还是轨道交通企业，都希望在运输系统运行的过程中尤其是在高峰期减少现场售票的数量，减少乘客在车站的停留时间。

一般来说，轨道交通系统的售票方式有以下几种：

1. 完全的人工售票方式

这种方式需要在车站的售票点安排较多的人员，站内售票处室的空间要求比较大，乘客在站内停留的时间较长。这种方式不适用具有高度自动化水平的 AFC 系统。

2. 半自动售票方式

由一定的设备辅助人员的工作，人员的数量可以相对减少。由于有设备辅助，乘客在购票时等待时间相对减少。

3. 自动售票

由乘客自己操作购票设备，运营系统需安排很少的人员来辅助或管理售票设备。但完全由乘客自己操作，在运营初期存在熟练程度不同，在站停留时间出入较大的问题。

4. 系统外售票

这种方式可以把大量的购票乘客吸引到系统外购票，售票地点可以灵活地安排到银行、邮局或商店等地方，适合于出售多次使用的车票。这种方式可以方便地在系统外的合适地点或时间购票，避免在车站内耗费时间，同时也减少车站人员、设备和空间的数量。

对于包含多种车票的运输系统，车票的发售不可避免地要采用多种不同的方式。但我们工作的目标应该是尽量减少必须在车站内部发售低效率的单程票的比例，提高乘客使用运输系统的效率。

（五）车票流程

车票按其流动方式，可划分为一次性使用的车票和多次使用的车票。

一次性使用的车票基本上以单程票为主，乘客从车站的自动售票机中购出，进站时送入进站检票机进行第一次检票并判断该车票是否有效，出站时由出站检票机进行第二次检票并回收。

多次使用的车票有很多种，乘客可以从车站、银行、邮局或其他代售点购得。进站时车票的使用与单程票相同，出站时检票机将乘客出行的费用从车票的存储费中扣除，判断该车票是否存在多余的费用；如果是以时间控制的车票，则判明是否超出使用期限。如果车票可以再次使用，则检票机将车票退还给乘客。

失效的多次使用车票的处理可以有两种方式，一种是退还给乘客，然后由乘客到车站售票室再次赋值；另一种是由出站检票机将车票回收，送到中心再进行分拣和重新赋值。目前上海 1 号线的 AFC 系统采用的就是后一种方式。

检票机在回收车票时将一次性使用的车票和多次使用的车票（如果采用后一种方式）分装在两个票箱内，一次性车票直接由管理人员装回自动售票机内循环使用，多次使用的车票则由专门的列车沿线收集，送到票务中心进行分拣。

四、促销策略

城市轨道交通企业除了提供必要的有关产品服务及价格策略外，更应积极配合上述活动进行促销以提高服务水平和实现营销目标和任务。一般促销的内容包括广告、人员推广、销售促进和公共关系等项目。

（一）广告

1. 广告的目的

城市轨道交通企业做广告的目的，有下列三个：

（1）把公众的注意力吸引到城市轨道交通系统上来；

（2）使公众知道搭乘城市轨道交通的好处及其服务品质；

（3）创造公众心目中城市轨道交通企业的良好形象。

吸引公众的注意力，可以靠一些主要的媒体来宣传。同时车站及车辆的造型、颜色、公司的标志都是吸引乘客注意力不可忽视之处。

在宣传城市轨道交通系统优点时，应针对乘客心理，有的放矢。

（1）省钱：搭乘轨道交通比驾驶小汽车上下班一年可以省下不少钱；

（2）省时：城市轨道交通具有速度快、不堵塞的特点，因此可节省旅行时间；

（3）舒适与方便：在车上能阅读报刊、听随身听等；

（4）较高的安全性和可靠性：比较其他运输方式的事故率及准点率，可以看出城市轨道交通系统具有较高的安全性和可靠性；

（5）激发公众的公德心：城市轨道交通系统具有节省能源、减少空气污染等优点，搭乘城市轨道交通有助于实现社会可持续发展目标。

2. 广告决策

提出一广告计划时，决策者通常应考虑以下几点：

（1）预算：指广告费的预定支出。

拟订广告预算方法如下：

1）量力支出法：以城市轨道交通企业能力所及来拟定预算；

2）销售百分比法：以公司销售额（或毛利）订出一百分比作为广告预算，如以毛利的 15% 为广告预算；

3）销售百分比法：以广告目标列出其任务，再估算欲完成任务的成本。

（2）信息：即广告所要表达的消息，让民众了解。

（3）媒体：一般常用媒体有报纸、电视、收音机、网络等。通常由眼睛能看到的媒体，较能达到塑造形象的目的；而只有声音的媒体就只能让大家知道有此系统而已。

（4）运作：整个广告在时间上应如何与各项媒体配合，以充分发挥其效果。

（5）衡量：用适当的方法评估广告所达成的效果。

3．降低广告费的方法

（1）与其他组织分摊：例如在运动会比赛上作广告；

（2）附带在其他产品上：如在啤酒罐上、城市地图或香烟盒上；

（3）学校或其他组织的定期刊物上。

（二）人员销售

它指城市轨道交通企业派营销专员针对某组织、特殊团体或特殊活动的需要，以自行介绍、游说、优待等方式争取服务机会的活动。

（三）销售促进

销售促进指除了服务本身以外，而对顾客表示友善或其他附带的服务，以促进能建立一良好的企业形象并使旅客接受城市轨道交通的服务。例如：车上提供茶水、报刊或赠送纪念品、摸彩等。

（四）公共关系

公共关系工作的对象可分为一般大众、新闻界及政府机关等三个方面。进行公共关系工作，最基本的方法是提供优质的服务。

1．对一般大众

（1）经常保持车辆内外的整洁。

（2）设计良好的车站出入口、车站等，提供给乘客非常整洁、宽敞、舒适的环境。

（3）服务人员要保持良好的服务态度。

（4）确保电话问讯系统的设施和人员充足，以免旅客在需要问讯时遭到拒绝。

（5）设立一个接受投诉的部门，并及时处理、答复所有投诉。

（6）当服务发生故障时，应立即通知大众并解释原因。

另外，城市轨道交通企业必须积极参与公益活动，例如：

（1）支持慈善事业，提供免费公益车厢广告等。

（2）支持政府改进运输的计划或研究。

（3）积极参与社会特殊活动，例如运动会、商展、文明共建等。

2．对新闻界

（1）建立城市轨道交通企业高层主管人员与新闻界良好的关系。

（2）及时向新闻界提供准确的运营信息。

（3）当有重要的新闻要公布时，应举办记者招待会。

（4）重要事项先行通知新闻界。

（5）如果出现对公司不利的情况，不要偏袒发生的过失，尽量将误会解释清楚或更正。

3．对政府机关

（1）经常准备一份最新的信息表，列出与公司有密切关系的主要相关信息。

（2）将有关服务回赠给政府有关部门。

（3）每年提供企业的例行报告，报政府主管部门。

（4）随时关注对政府有参考意义的信息。

（5）充分了解政府对城市轨道交通企业的有关限制，与政府有关部门加强沟通。

第七章 信息化管理

第一节 信息化管理概念

随着信息技术的日益发展，一个网络化的信息环境正在快速形成，人们在实践中认识到，迅速、方便地获取所需信息是正确决策，提高管理水平，取得高效益的关键。因而城市轨道交通作为现代化交通行业，其车辆、通讯、信号、票务等系统均有自己独立的计算机控制和管理系统。建立有效的网络信息系统，开发和利用网络信息资源，充分发挥各自系统的优点，有利于更好地进行企业管理，树立良好的企业形象，为企业带来巨大的经济效益。

企业网络信息的建设，能促使企业内部的信息资源由过去的人工传递转化为网络共享，不仅降低信息资源共享的成本，而且加快了信息资源传递速度，也深化了信息资源共享的层次和深度。企业内各部门只需将自己的共享信息上网，就可与其他部门进行信息交流，对于管理层而言，通过网上信息，能及时了解生产运营情况，调整策略，更好地进行组织和管理。

一、建立企业内部网，制定企业信息发布的计划和策略

建立完善的企业内部网，为企业内部进行信息发布准备必要的物质基础。企业内部网是企业内部部门之间信息交流、信息共享和业务处理的联系通道，而各部门各系统间的信息资源非常复杂且庞大，只有对信息资源进行选取、加工、优化、重组等一系列程序，才能在网上发布，使信息涵盖范围广，信息更新快。要对企业信息资源进行选取、加工、优化、重组等工作，必须制定完整的信息发布计划和策略，并按照计划与策略确立分阶段目标的工作措施，使信息发布工作能按步骤、按计划及时完成。

在制定计划与策略时，要充分考虑信息发布针对的对象、信息范畴和发布信息的目的，明确了信息发布目的，有利于做到有的放矢，确立了信息发布对象与范畴，能使发布的信息有效、实用。

二、组织企业的信息资源，确立发布的信息资源结构

企业信息资源库的信息发布，最关键的环节是信息资源的组织，企业的信息资源包括企业的生产运营、组织管理、人事、财会等类别，要使各类别的信息资源库通过网络有机地组织发布出去，必须有统一的标准、固定的信息发布的信息资源结构、明确各类别信息资源之间信息发布的比例，以及内部网络信息发布的信息范畴、信息深度，使发布的信息资源结构更合理，信息更全面。

三、信息资源网络化管理的特点

在网络环境下，信息资源的开发和利用全部数字化，信息从采集、加工、生产到提供利用全部以数字形式出现。数字化信息资源不同于传统的文献资料，主要的特点是：信息组织形式从顺序的、线性的方式转变为电子计算机直接的、网状组织形式；信息存储形式从单一

媒体走向多媒体，从模拟信号转变为数字信号，使信息的存储、传递和查询更加方便。

第二节　信息化管理基础

计算机技术在企业中的应用经历了单机→企业网→企业内部网三个阶段，企业内部网是利用国际互联网（Internet）技术建立的组织内部信息的网络，它与 Internet 既有联系又有区别，它们之间的联系表现在企业内部网使用了 Internet 技术，主要包括 WWW、电子邮件、FTP 和远程登录（Telnet）等。两者最大的区别在于企业内部网是组织内部网络，其内容信息有保密信息和开放信息之分，并采用防火墙技术保证自身网络信息的安全性。而Internet 则是向全世界用户开放的公共信息网，允许任何人从任何站点登录访问。实践证明，企业内部网既能帮助组织获取内、外部网络信息，又具备遏制非法用户访问其保密资源的措施，因而它是组织实现信息资源有效管理的重要手段。

一、企业内部网的组建

企业内部网就是将企业内部不同部门、不同专业的计算机网络，通过普通电话线、高速率专用线路、光缆等通讯线路连接起来，构成一个统一的整体，也就是把网络的资源组合在一起。

（一）内部网组建

在组建企业内部网时，应考虑以下几个方面：

1．网络标准化，以支持网络扩展和互联。

2．网络应满足数据传输容量和响应时间要求，尤其要考虑负载峰值和平均容量。

3．网络传输距离和拓扑结构，应满足用户的现场环境和介质访问要求。

4．传输介质应满足网络带宽、抗干扰和安装等要求。

5．网络管理软件应支持多种服务、管理功能及兼容性要求。

（二）信息资源规划

信息资源规划就是将企业丰富而复杂的各类信息组合起来，建立企业的信息系统模型，制定企业信息资源标准的过程，具体有以下几个主要步骤：

1．据企业信息化的目标和范围，界定出各业务职能域，确定企业的生产经营主系统及主要价值流。

2．分析企业内部、企业与外界的相关信息流，并作出数据流程图。

3．对有关的用户视图进行分类和分析，并规范化。

4．根据信息流和用户视图，估算出各职能域的数据流量、信息存储量和存储增量。

5．按职能域分析和分解业务过程、业务活动和业务流，在业务部门的密切参与下，进行优化和重组，建立系统的功能模型。

6．在用户视图的分析基础上，定义各职能域与业务过程相关的主题数据库，建立系统的数据模型。

7．根据国际、国家、行业标准或企业标准，进行全企业范围的统一信息分类编码，建立编码规则和码表。

8．建立和制定企业信息系统的信息资源管理标准。

二、企业信息化的任务

企业信息化越来越成为企业成败的决定因素。如何利用现代信息技术，开发信息资源，改善和加强企业管理，提高竞争力和经济效益，已成为企业领导者和信息主管部门面临的重要问题。因此，正确、全面地认识企业信息化的任务是十分重要的。企业信息化有以下四项重要任务：

（一）建立企业信息基础设施

企业的信息化建设首先要搞好信息基础设施。企业信息基础设施，是指根据企业当前业务和可预见的发展对信息采集、处理、存储和流通的要求，选购和构筑由信息设备、通信网络、数据库和支持软件等组成的环境。这是现代企业有效运作和参与市场竞争的最重要的企业基础环境。

（二）建立信息资源管理标准，搞好信息组织工作

信息资源是企业最重要的资源之一，开发信息资源既是企业信息化的出发点，又是企业信息化的归宿；而建立信息资源管理的基础标准，从而保证标准化、规范化地组织好信息，就是开发信息资源的基本工作。

（三）按信息资源管理标准开发企业集成信息系统

服务型企业重点要搞好业务处理过程的信息化，既要开发企业各部门信息共享的内部集成化的信息系统，还要实现企业与企业之间的信息自动交换，建立更大范围的集成化的信息系统。

（四）信息化教育，提高全员信息化认识水平

激励全员参与信息资源管理和开发使用集成化的信息系统。企业领导重视企业信息化建设，主要体现在高层构思、策划组织和把握企业信息化的重要任务上。企业信息系统负责人和系统分析员，在探讨、选择科学的理论指导和寻求实用的方法工具方面，负有重要责任，以保证企业信息化任务的完成。

三、计算机系统网络管理

计算机网络是实现信息化管理的基础设施之一，企业内部局域网是计算机网络的主节点，是企业网络信息的汇集中心。为了规范计算机网络的管理，保障网络的正常运行和健康发展，维护网络用户的正当权益，应制定相应的计算机管理办法。网络系统管理一般要求做到以下几点：

（一）网络系统管理

1. 维护网络设备（包括网络交换机、服务器、路由器等）；

2. 定期检查设备是否运行正常，运行环境是否适宜，确保网络设备安全运行；

3. 必须每天（或每周）备份系统数据，记录当前运行配置等网络关键数据：

（1）服务器系统备份；

（2）在服务器软硬件系统发生更改之前完全备份系统；

（3）网络设备的配置文件及系统文件备份；

（4）应用系统和操作系统需要用磁带、磁盘、光盘等介质备份。对重要的可变数据应定时清理、备份，并送递指定地点存放；

（5）对需要长期保存的数据磁带、磁盘、光盘等介质，应在质量保证期内（一般为一年）进行转储，以防止数据失效造成损失。

4.停止或关闭网络设备之前，必须向主管部门请示并向有关部门发出预告通知。

（二）网络安全管理

1.定时更换网络口令；

2.负责检查、清理和排除病毒、反动和黄色不健康内容，防止黑客攻击，并记录安全情况，定时向上级和管理部门报告；

3.网络系统中涉及安全结构（防火墙、防病毒软件等）的部分，不得随意改动，更改时应作好记录；

4.严格控制数据信息的访问权限，检查有无违规，及时禁止或修复；

5.定期访问操作系统、应用系统等厂家发布的补丁信息，及时下载最新病毒代码，并及时更新，安装升级系统。

（三）对于危害系统运行的入网计算机，系统管理员有权禁止该计算机访问的权利。

（四）使用介质（软硬磁盘、光盘等）交换信息要按规定手续管理，并进行病毒预检，防止病毒对系统和数据的破坏。

（五）计算机房管理

1.保持机房清洁卫生，每天上下班检查电源、空调、房门的安全，作好情况记录；

2.来访者应填写机房进出时间登记，并有机房管理员的全程陪同；

3.未经系统管理员同意，来访者不得动手操作。

（六）故障处理

1.系统故障由系统管理员负责处理并记录；

2.当业务系统服务器发生较为严重的故障时，系统管理员应立即通知相关单位或部门停止业务运行，并尽可能备份数据，以降低损失；

3.当故障影响到整个网络系统时，系统管理人员应当及时将发生故障的网络系统隔离或关闭，以降低对整个网络系统的影响。

第三节　信息资源与运营管理

信息不是自然信息，应该是附加了人类劳动的经过处理的信息，才是有用的信息资源。而信息资源管理的功能就是协调和控制信息的运动，以信息活动中的各要素包括信息、设备、机构、技术、人员、资金、体制等作为管理对象，以系统思想为主导，强调多维机制，运用多种方法进行经济、技术、人文诸方面的综合管理，贯穿法律规范与道德规范，结合多媒体技术、防病毒技术、加密/解密技术、编码技术与层次管理技术等，以保证信息资源的合理运行，使有效信息为人们最大限度地利用。充分利用信息资源，迅速及时地获取所需信息，有利于科学的运营管理，加强组织、计划、决策、指挥能力，更好地完善组织机构、规章制度、工作流程、用人机制、培训机制和激励机制，形成高效有序、安全稳定、功效优化、运转自如的运营机制。

一、地铁运营信息特点

地铁运营作为现代化的交通运输管理企业，要求有严密的组织管理体制和高科技的计算机管理系统来作保障。从乘客角度来讲，要求地铁能准时、快捷、方便。从运营角度出发，安全运行处于首要位置，不但提供良好的乘车环境，而且要有配套完善的设施和保障机制，使乘客享有优质的服务。这就要求地铁企业在运营管理过程中不断创新，不断提高。如在日常管理中，通过观察每个阶段客流的变化，及时调整列车运行时间；根据设备设施的使用情况，制定详细的维修养护计划等等，来确保设备设施的正常使用。地铁运营管理是一门综合性的系统管理，在保证提高服务质量的前提下，必须对设施、设备、人员进行有效的组织和管理。地铁设备涉及机械、电子电气、计算机、电力、通讯等多个行业，如何从多种多样的信息中提取有用资源，是进一步提高管理水平，实现现代化目标管理的手段之一。

在地铁运营中主要的指标和信息有以下几类：

（一）运营数据

主要包括按日、月、季、年统计的客流量；高峰小时客流、断面客流、实时客流等，以及客运收入统计、车票销售收入统计、线路或区段收益清算等。

（二）设备维护

在设备维护管理中，制定年度维修计划、维修成本核算、备件库存、设备更新改造、技术开发等，这些计划的执行和完成情况必须及时地反馈，由主管部门统一协调管理。

（三）安全运营

主要包括列车的运行情况，如正点率统计，用来表示运营列车按规定时间正点运行的程度；兑现率指标，用来表示列车按计划运行图运行的兑现程度；以及对于突发性事故处理等情况分析。

（四）服务质量

主要包括乘客通过各种途径对地铁运营服务质量进行的评价，以及地铁运营服务人员在安全生产、服务质量上要达到的目标。

二、信息来源

信息源即信息的来源。分析组织的信息源是进行信息资源建设的重要步骤，其目的在于明确信息收集的方向。根据地铁运营组织划分，可以将信息源区分为内部运营信息和外部公共信息。

（一）内部运营信息

内部信息源是运营管理部门之间产生的内部信息，是一种重要的信息源，它还包括经过多年发展积累下来的各种资料及档案信息。

1. 列车运行系统中有关车辆运行、维修、保养等资料。

2. 票务管理系统中有关客流量统计、运营收入统计、财务结算等资料。

3. 机电设备管理系统中车站设备的运行信息、维修保养资料、供电、供水、通讯等数据统计。

4. 客运服务系统中有关车站服务设施、服务环境、乘客意见反馈、服务质量等信息。

5. 物资管理系统中有关企业资产、运营成本、设备供应、物资采购等资料和信息。

6. 技术保障系统中有关技术资料、技术文档、技术交流、科研项目发布、教育培训等信息。

7. 物业管理系统中有关房产管理、商业开发、配套设施建设等信息。

（二）外部公共信息

外部信息源是指在企业外部为企业活动提供信息的信息源，与企业自身的运营有密切关系。

1. 国家的法律和法规，上级部门的方针、目标和政策。

2. 城市交通建设的总体规划和发展方向。

3. 时效性的社会活动、道路状况等综合信息。

4. 与行业相关的其他运营系统的信息如公交运营、城市交通"一卡通"系统、地铁设备生产、供应厂商等市场动态信息。

三、运营管理部门间的信息沟通

开发和利用好信息资源是实现信息资源管理目标的核心。地铁运营组织结构大致可分为决策层、管理层和相关的运营管理单位组成，组织结构如图7-1。

内部信息产生于各自的管理系统，主要有列车运行监控系统、票务管理系统、通讯信号系统、电力监控系统。在各单位之间有着需要相互沟通和协调的信息。

（一）地铁控制中心

控制中心是指挥地铁运营的中枢，主要对列车的运行、地铁系统供电、环控设备进行统一协调管理。需要对车辆状况、车站设备配置以及通过客运、票务系统及时掌握车站客流、现场活动等情况，有一个全面的了解，才能更好地指导生产运营。

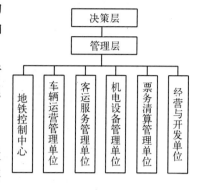

图7-1 组织结构图

（二）车辆运营管理单位

车辆是保证地铁正常运营的关键，车辆在运行中必须掌握各车站的设施布置、信号、机电设备的运转状况、轨道养护、高架地面周边环境情况。针对出现的变化作出相应的措施。

（三）客运服务管理单位

客运服务是体现地铁运营企业形象、直接面向乘客、为乘客提供良好服务的单位，以优质服务来满足乘客需求，通过收集运营过程中的各类信息不断完善服务设施，规范行为，从而提高服务人员的自身素质，为乘客创造良好的乘车环境。

（四）机电设备管理单位

机电设备管理单位保障地铁运营过程中设施设备处于良好稳定的运行状态，对地铁设施设备进行有计划的维修维护，确保设备的正常使用。同时根据客流分布和客流流向，及时地增加和调整车站中设施设备的布置，不断满足运营需求。

（五）票务清算管理单位

票务清算是对地铁运营线路中各车站、各区段、各个不同线路间的发售收入和客运收入的结算，是企业运营成本和收益的核算单位，为企业的发展提供强有力的保证。

（六）经营与开发单位

经营与开发是充分利用地铁资源，通过地铁沿线周边房地产的开发、广告、旅游等多种形式，为企业创造更多的财富。

（七）管理层

管理层指导各运营单位符合企业发展需求，制定各项规章制度，使运营单位投入有序的运转，实现统一的目标。并从各专业系统发布的信息中，获得有价值的数据，对生产运营作出相应调整和改进，在列车运行、设备设施调整、成本控制、财务、人力资源、运营计划、运营安全、技术改进等方面起到积极的作用。

以地铁运营企业为例，主要的运营信息传递流程见图7-2。

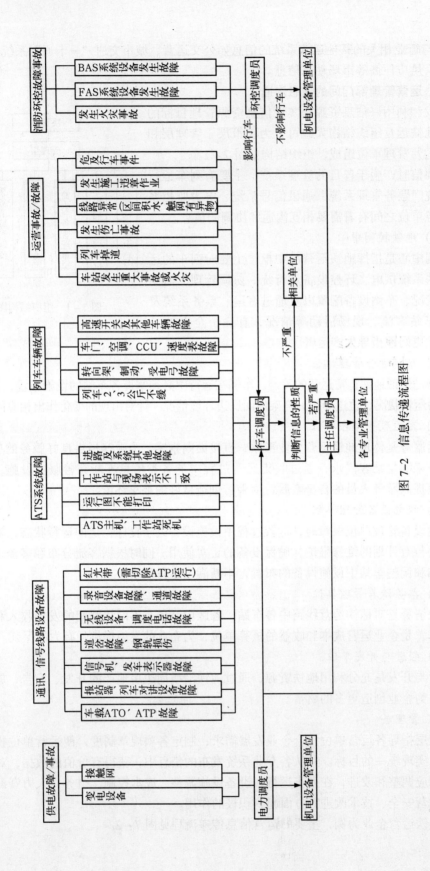

图 7-2 信息传递流程图

四、管理部门决策与信息

决策是一种管理活动，是为了解决问题而进行的判断、选择和实施行动方案的过程。发现问题是促使决策行为产生的动机，而问题大致有以下三类：

（一）常规问题

常规问题是指地铁运营过程中经常重复发生的问题。对这类问题，通常有固定的处理方法。例如根据不同设施设备在运行中出现的问题，制定出维修保养要求和规定，当设备增加或调整时，同样按照设备维修保养规定来解决运行中出现的问题。

常规问题的决策大多由基层管理人员完成，因为这些问题一般可以通过信息系统获取的完整记录或查阅档案资料，依此作出决策。

（二）半常规问题

半常规问题是指无固定的解决方案可遵循的问题，虽然决策者通常了解解决该问题的大致程序，但在解决过程中或多或少要加入个人的主观判断，且关于该问题的部分信息无法提供或缺乏精确性，这给决策带来一定的难度。例如列车在运行中出现突发的事件时，针对不同事件的性质，决策者需要作出相应的处理办法。

半常规问题决策大多由中层或高层管理人员完成。由于解决该问题需要大量的内部信息和相关的外部信息作依据，才能增加决策的正确性。

（三）非常规问题

非常规问题是指独一无二，非重复性决策的问题，一旦发生，又属例外；有些问题关系到企业的生存和发展，非常重要；还有一些问题解决起来很复杂，这类问题往往给决策带来很大的难度。例如运营票价方案的调整，决策者需要考虑社会影响、公司效益等综合因素。

非常规问题的决策主要由高层管理人员完成，因为这些问题缺乏可以遵循的固定决策模式，可选择的方案呈现多样性特点及决策过程中的不确定因素较多，导致决策难度增大。因此，在完成此项决策时，在很大程度上依赖于高层管理人员的判断能力，因为对未来成本及收益等重要信息只能凭估计获得。因此高层决策者应尽可能获取多方面的信息，发挥集体决策的优势，从而保证决策的正确性和可靠性。

综上所述，分析组织内部的信息需求是一项复杂的工作，它要求对组织内部成员的分工情况及各项管理活动的具体内容要有深入细致的了解。同时，要坚持发展的观点，认识到信息的重要性，只有这样，才能尽可能准确、全面地分析组织的信息需求，推进组织的信息资源建设。

第八章　城市轨道交通车辆
的运用及乘务管理

第一节　城市轨道车辆

一、城市轨道车辆特点

城市轨道交通车辆主要是指地铁车辆和轻轨车辆，它是城市轨道交通工程最重要的设备，也是技术含量较高的机电设备。城市轨道交通车辆应具有先进性、可靠性和实用性，应满足容量大、安全、快速、舒适、美观和节能的要求。

地铁车辆有动车和拖车、带司机室车和不带司机室车等多种形式。例如上海轨道交通3 号线的 AC－3 型列车有带司机室的拖车（Tc 车）、无司机室带受电弓的动车（Mp 车）和无司机室不带受电弓的动车（M 车）共三种车型，采用贯通式车厢，以 Tc-Mp-M 三节车厢为一个单元。当采用 6 节编组时，排列为：Tc-Mp-M-M-Mp-Tc；当采用 8 节编组时，排列为：Tc-Mp-M-Mp-M-M-Mp-Tc；这样就能保证列车两端均带有司机室，中间各车以缓冲装置进行连接，客室内以贯通道贯通，乘客可以任意走动。北京地铁按全动车进行设计，两车为一个单元，使用时按 2、4、6 辆进行编组。

二、车辆基本构造（图 8－1）

城市轨道车辆主要有以下几部分组成：

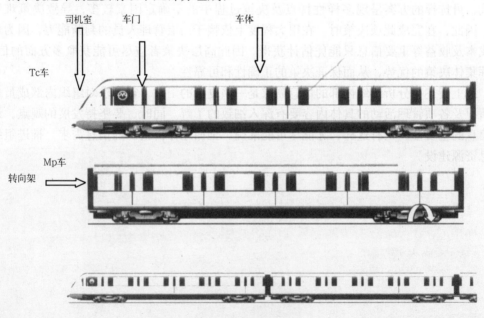

图 8－1　车辆基本构造

（一）车体

车体分有司机室车体和无司机室车体两种，它是容纳乘客和乘务员驾驶的地方，又是安装与连接其他设备的基础。现代城市轨道车辆车体均采用整体承载的钢结构或轻金属结构，一次挤压成型材，以达到在最轻的自重下满足强度的要求。车体一般分为底架、端墙、侧墙和车顶等几部分。

（二）转向架

转向架一般分动车转向架和拖车转向架，它置于车体与轨道之间，用来牵引和引导车辆沿轨道方向行驶和承受与传递来自车体及线路的各种载荷并缓和其动力作用，它是保证车辆运行平稳的关键部件。转向架一般由构架、弹簧悬挂装置、轮对轴箱和制动装置组成。动车转向架还设有牵引电动机及传动装置。

（三）牵引缓冲连接装置

车辆编组成列运行必须借助机械连接装置，即车钩。为了改善车辆纵向平稳性，一般在车钩的后部装设缓冲装置，以缓和列车冲动和撞击。另外轨道交通车辆车钩上还设有电路及气路自动连接设备。

（四）制动系统

制动系统是保证列车安全行驶所必不可少的装置。它安装在每辆车上，确保列车能在规定的距离内停车。城市轨道交通车辆采用电控空气制动设备，另外依靠牵引电动机的可逆原理能实施再生制动和电阻制动。

（五）受流装置

其作用是从接触网或导电轨将电流引入动车，通常称受流器。受流装置按其受流方式可分为以下 5 种形式：

1. 杆型受流器：外形为两根平行杆，上部有两个受电轨（导线），广泛用于城市无轨电车。

2. 弓型受流器：形状为梯形结构，属上部受流，弓可以升降，其接触有一根导线，下面有导轨构成电路，用于城市有轨电车。

3. 侧面受流器：在车顶侧面受流，又称为"旁弓"，多用于矿山电力机车。

4. 轨道式受流器：从底部导电轨受流，又称第三轨受流，空间可以充分利用，多用于速度较高的隧道列车运行。北京地铁及欧美大部分城市均采用这种方式。

5. 受电弓受流器：属上部受流，形状为倒三角形，弓可以升降，适用于列车速度较高的干线电力机车上。上海地铁目前均采用此方式。

在受电制式上，目前世界上地铁发展较早的城市都采用直流 750V，个别采用 600V。北京、天津地铁采用 750V，上海、广州地铁采用直流 1500V，它与直流 750V 相比有以下优点：可提高牵引电网供电质量，降低迷流数值，增加牵引供电距离，从而可减少牵引变电所数量；便于地铁线路实现地下、地面、高架的联动。

（六）车辆内部设备

车辆内部设备包括服务于乘客的固定附属装置和服务于车辆运行的设备装置。属于前者的有：座椅、扶手、照明、空调、通风、取暖等。服务于车辆运行的设备大多安装在车辆底部，包括蓄电池、继电器箱、主控制器箱、电动空压机单元、牵引箱、电阻箱及各类电气开关等。

（七）车辆电气系统

车辆电气系统包括车辆上的各种电气设备及其控制电路，按其功能可分为：

1. 主电路：指的是供车辆牵引动力的电路，主要由受流器、牵引箱、牵引电机、电阻、电抗器及电气开关等设备组成。

2. 控制与信息监控电路：用于对列车实施牵引、制动等操作，以及对设备状况进行监控、记录、预报的电路。

3. 辅助电路：通常由逆变器或发电机输出中级电压供车辆除牵引外其他动力设备使用，应急情况由蓄电池维持供电。

4. 门控电路：对车门进行开、关控制的电路。

第二节　车辆段及停车场

车辆段及停车场是供轨道交通车辆与工程车辆整备作业、停放、保养、维修及清洗的场所。

一、车辆段及停车场的组成

在轨道交通建设初期，通常采用每条线布置一个车辆段，若运营线路大于20km以上，为保证配属列车停放数量，以及减少两终点站首末班车时间差异、空驶里程及提高运营调整能力，应在线路另一端增设一个停车场。在轨道交通初步网络化情况下，可考虑多线共场方式。车辆段的设计规模应根据服务线路远期客流数量为依据，综合分析列车配属数量及维修能力。

车辆段总体上分三个部分：咽喉部分、线路部分和车库部分。咽喉部分是车辆段的停车库、检修库与正线连接地段，有出入段线和众多道岔，它直接影响整个线路的正常运营。咽喉部分在规划设计中既要主要保证行车安全，满足输送、接收能力的需要，又要保证必要的平行作业，还要努力缩短咽喉区的长度，尽量节省用地。

线路部分由各种用途不同的停车线、洗车线、牵出线、试车线、检修线、清扫线及材料线等组成。

车库部分有停车库、定修库、架修库。停车库除了停放车辆以外，还是日常检修保养的场所，所以设有检修坑道。架修、定修库作车辆定期维修使用。

部分运营线路较长的线路另设停车场，停车场规模、设施较车辆段小，一般用作停放列车及小规模的维修保养等。

二、车辆段及停车场设备配置

（一）出入段（场）线

车辆段或停车场与正线的结合部，是段（场）与正线过渡线路，供列车出入场使用。其有效长度至少保证一列车的停放。

（二）停车线

停车库线要满足线路所有运用车辆的停放需要，线路长度根据车辆编列的需求进行设计，一般为列车长＋8m，可设计为一线一列位或一线二列位，线路间隔通常为3.8m，通常设检修坑道。

（三）试车线

用作列车调试、项目试验的线路，有效长度应保证列车最高时速和全制动的需求。试车线一般为平直线路。

（四）交接线或联络线

是一条运营线路与另一条运营线路或运营线路与国铁连接的专用线路，主要用于车辆与生产物资的周转、调送。

（五）洗车库

一般安装自动洗车机，用于车辆自动清洗，列车以低于 5km/h 的速度通过洗车设备，完成车体清洗作业。目前较高级洗车设备有喷淋、去污、上蜡、吹干等功能，减少了人力。

（六）维修线

是指用于车辆各种不同修程的专用线路，包括架大修线、定修线、临修线、静调线等，这些线路设有 1.4m 至 1.6m 深的检修坑道，中间设维修平台。根据需求配有架车机、悬挂式起重机、转向架转向盘等设备。

（七）办公及生活设施

由办公室、值班室、会议室、食堂、浴室及司机公寓等组成，一般设在作业区附近。

三、车辆保有量的计算

列车保有量根据线路远期客流预测数据，测算远期运行行车间隔可得出所需运用列车数；备用列车数量按照运用列车数量的 10% 取得；检修列车数量需根据运用列车数量综合维修能力、修程修制取得，一般为运用列车数量的 10% 至 15%。

第三节 车辆运用流程

一、车辆运用的生产组织的特点

（一）车辆运用概述

城市轨道交通系统是一个复杂的、技术密集的公共交通系统，它具有高度集中和各个环节紧密联系、协调动作的特点。而车辆运用组织系统又是这个大系统中重要的组成部分之一，它在上级运营指挥部门的统一指挥下，按运行图制定的行车计划完成日常的车辆运用工作，其工作范围包括：

1. 列车检修停放计划管理；

2. 列车行车计划的编排；

3. 按运行图要求配置列车及乘务人员；

4. 按运行图完成正线列车的运营工作；

5. 车辆的清洗、保洁；

6. 配合维修人员进行列车的保养、维修、调试等工作；

7. 车辆乘务人员及站场行车人员的行政管理、技术管理及材料供应；

8. 正线事故救援工作。

（二）车辆运用生产组织部门的构成

车辆运用生产部门一般设在车辆段或停车场内，这样有利于车辆合理使用及人员调配。其组织机构如图 8 - 2。

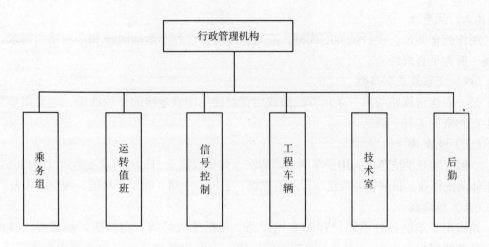

图 8-2　车辆运用生产组织机构

（三）各岗位设置及职责

1. 行政管理机构：按照车辆运用规模设主管一名，副主管若干名及相关办事人员。负责部门内日常行政管理、人事、教育培训、安全、技术等工作，协调与相关单位工作关系，科学合理地制定工作流程，安排好人力，按运行图要求组织好每日车辆运用工作。

2. 乘务组：根据列车配置数和运行图的要求设若干班组，由乘务长进行管理指挥。乘务组主要职责是按运营图的要求安全、快速、准点地驾驶列车，并配合车辆调试、验收、保养等工作。

3. 运转值班室：设有内勤值班员和外勤值班员，主要负责运用列车的编排，乘务人员的调配，行车信息的搜集、统计等工作。

4. 信号控制室：设值班员和助理值班员，主要负责车辆段或停车场内行车指挥、进路排列和列车接发工作。

5. 工程车辆组：负责牵引机车与工程车辆的驾驶，配合车辆维修、线路施工及列车救援等工作。

6. 技术室：设立相关专业的技术人员，负责车辆运用技术管理、站场行车组织管理及行车安全管理工作。

7. 后勤：主要负责生产物资准备、司机公寓管理、工作人员生活保障。

二、车辆运转流程

（一）列车运转流程图（图 8-3）

图 8-3　列车运转流程图

列车运转流程指的是每日列车运用过程，包括四个环节，即列车出车、列车正线运营、列车回库收车及列车场内检修及整备作业。这些作业由车辆运用部门各个岗位协同配合共同来完成，下面具体描述车辆运转的过程。

（二）列车出车

列车发车工作流程分为制定发车计划、出乘作业及发车作业三部分，从制定发车计划开始到列车发出结束。其中制定发车计划可分为编制、下达发车计划与检修交车、确认计划两个环节。出乘作业可细分为司机出勤、出车前检查、列车出库这三个环节。

1. 列车发车工作流程图（图 8-4）

2. 列车发车计划

列车发车计划的编制与下达：

（1）列车发车计划由运转值班员根据车辆维修部门提供的"列车运营检修用车安排"，并结合车场线路存车情况和运行图的要求合理编制，编制时必须考虑降低交叉发车作业的难度及保证各车的出车顺序无误，不堵车。

（2）列车发车计划编制完成后运转值班员应在运转《行车日志》内填写有关内容，并向信号楼行车值班员传达列车发车计划，信号楼行车值班员应认真记录在《行车日志》上。

（3）列车发车计划包括以下内容：执行运行图编号、列车车次、待发股道、运用车编号。

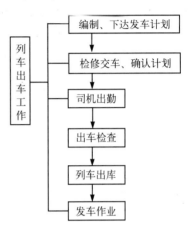

图 8-4 列车发车工作流程图

（4）信号楼行车值班员在接到运转下达的"列车发车计划"后应立即验证"列车发车计划"的可行性，发现问题及时汇报运转值班员更正。验证通过后根据"列车发车计划"编制"备用发车计划"，以便在站场信号设备故障时起用。

3. 列车发车计划的确认与变更

车辆维修部门交车后运转值班员应立即与车辆维修部门提供的"列车运营检修用车安排"中的运用车辆核对，发现所交车辆数量、车号与"列车运营检修用车安排"中提供的数据有出入时，应立即调整"列车发车计划"并及时将变更后的"列车发车计划"传达给信号楼行车值班员执行。

4. 出乘工作一般规定

（1）列车司机按列车运行图所规定的出库时间，提前半小时至运转值班室与运转值班员办理出勤手续，领取相应物品。

（2）司机在办理出勤手续时，应认真回答运转值班员的询问，仔细查看行车告示牌上的行车命令指示和安全注意事项并从发车告示牌上了解本次列车出车股道。

（3）办妥出勤手续后，司机应对运转值班员安排的电客列车作一次出车前检查。检查完毕合格后方能按时发车。

（4）如检车时发现电客车辆故障不能担负列车任务时，应及时通报运转值班员并按其指示执行。运转值班员应立即通知车辆检修部门检修故障列车，及时调整司机出乘车辆及列车出车次序并向信号楼值班员传达变更出车计划。

（5）列车凭出库信号显示出库，动车前应确认库门开放正常、平交道无人员车辆穿越后通过。

（6）在运行图出库点已到后，如出库信号还未开放，待发列车司机应主动使用列车对讲电话询问信号楼行车值班员，联系不上时可通过运转值班员询问。

5. 备用列车准备制度

（1）备用司机应与首发列车司机同时出勤。

（2）完成备用列车检车程序后，备用司机应在车上待命，在发车工作结束后备用司机方可回到司机休息室内待命。

（3）在其他待发列车故障起用备用列车替换后，运转值班员应及时安排其他可运用车辆担负备用列车任务。无法安排备用列车时应向行车调度员汇报。

6. 列车出车信息流转

（1）运转值班员应在当日列车发车计划确定后，及时将计划中有关内容上报行车调度员，内容包括：列车车次、车号、有无备车、备车车号。

（2）遇待发列车故障调整时，运转值班员应及时将调整后的计划中有关内容上报行车调度员，内容包括：变更/替换列车车次、车号。

（三）列车正线运营

列车正线运营主要由乘务员（电动列车司机）来完成，详细过程将在以后章节进行描述。

1. 正线运营中信息流转

（1）正线列车或其他行车设备发生故障时，司机应及时报告行车调度员，报告故障车次、故障时间、故障现象以及处理结果。

（2）行车调度员将故障车次/车号、故障情况及其他相关信息通报维修部门，以便对故障及时修复处理。

（3）司机除汇报行车调度员有关故障信息外，还应将故障信息在报单上记录，以便备案。

（4）对运营中列车因故障而导致下线，行车调度员应及时通知运转值班员。在列车回库后由运转值班员将司机填写的《故障报告单》传达至车辆维修部门。

2. 正线交接班有关规定

（1）司机在正线交接班时应提前20分钟至有关地点出勤，出勤方式按部门制定的相应规定执行。

（2）司机在途中交接班时必须向接班人员说明列车的运行技术状态及有关行车注意事项，并填写在司机报单上，内容包括制动性能、故障情况、线路情况、当前有效调度命令及执行情况以及其他必须交接的情况。

（四）列车收车工作

列车回库收车工作流程分为接车及回库作业，其中回库作业可细分为列车入库、回库检查及收车、司机退勤这三个环节。

1. 列车收车工作流程图（图8-5）

2. 列车回库及退勤

（1）列车进入车库停稳后，司机应作回库检查并按《电动列车司机作业标准》有关内容收车。

（2）确认回库列车无异常后携带列车钥匙、司机报单及其他相关物品至运转值班室向运转值班员办理退勤手续。

（3）司机在办理退勤手续时应将列车钥匙、司机报单及列车故障单交于运转值班员整理、保管。遇列车技术状态不良、故障和上线运营时发生行车安全事故等情况时，司机应向运转值班员报告并应在有关报表中详细记录，运转值班员应对当日列车故障情况与安全记录作出统计并上报有关部门处理。

（4）司机退勤工作结束后应至司机公寓向乘务组长汇报工作、总结当日工作情况并听取次日行车工作计划与安全注意事项。

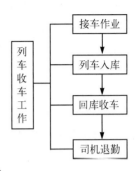

图 8-5　列车收车
工作流程图

（5）司机在司机公寓休息时按《司机作息规定》有关内容执行。

3．列车回库后技术统计工作

（1）列车回库后技术统计工作由运转值班员负责。

（2）待所有列车回库，司机退勤后运转值班员应收集整理列车故障信息，并将车辆故障情况向车辆维修部门通报。

（3）运转值班员还要根据报单中有关影响安全生产的记录做出统计和记录，并及时传送至有关部门。

（4）在发生列车晚点、大间隔、掉线、清客、救援及发生行车事故时组织当事人及有关人员填写《车辆事故（事件）情况报告》并及时上报有关部门处理。

（五）列车检修与整备

1．列车清洗工作

列车清洗工作一般规定：

（1）电客列车清洗工作由运转值班室指派专人负责，洗车负责人根据电客列车清洗需要制定列车清洗计划，列车清洗计划制定完成后由运转值班员及时下达给信号楼行车值班员、司机、调车员及其他相关人员执行。

（2）列车清洗工作包括客室内部清洁、清扫，车身清洗/机洗作业。

（3）清洗工作安排在清扫线进行。清洗时需断电进行，由负责清洗工作部门负责至运转值班室办理断电手续。断电后的防护工作由负责清洗工作单位指派专人负责。

（4）列车机洗作业时，由运转值班员及时派出当值司机调车，司机动车时应确认地面调车信号机的进行信号，清洗时按相应设备操作办法执行。

2．列车检修工作

（1）列车检修工作一般规定：

1）列车回库停稳并按规定收车后，如无调动、机洗及其他任务，运转值班员应及时与车辆维修部门办理车辆交接手续。

2）未办理车辆交接手续的电客车辆，未经运转值班员同意检修部门不得擅自进行检修作业。

3）正在进行检修作业的电客车辆，未经检修负责人同意运转值班员不得擅自调动使用。

4）正在进行检修作业的电客车辆，应在司控器上挂上"禁动牌"防止无关人员擅自动车。

5）电客车辆检修完毕后，检修负责人应及时与运转值班员办理车辆交接手续，将电客车辆移交给车辆运转部使用。

（2）司机配合检修部门调试车辆应按以下规定执行：

1）司机配合检修部门调试车辆时，行车安全防护工作应由检修负责，检修负责人在指示车辆动车前应先确认无关工作人员已撤离、止轮器已撤除、股道上无障碍物、股道接触网已送电。

2）司机配合检修部门调试车辆时，行车安全由司机负责并严格按信号动车，遇有危险及时停车。

3）司机配合检修部门调试车辆时，检修负责人应指派检修联系人进入驾驶室内与司机保持联系。司机严格按照检修联系人的指示操作电客车辆，但检修联系人的指示违反安全规定及危及行车安全时司机应拒绝执行。

3．车辆交接与验收

（1）运转值班室接到车辆维修部门移交的车辆后指派专人对车辆技术状态进行检查，确认车辆状况符合运营要求后方能接收投入正线使用。

（2）如车辆技术状态不符合运营要求，运转值班员要交付车辆维修部门，进行维修。

第四节　车辆运用行车作业方式

车辆运用行车作业指的是车辆在车辆段或停车场和在正线上的行车组织工作。我们以上海轨道交通 3 号线石龙路停车场为例，详细介绍车辆段或停车场内行车组织工作。

一、接发列车

（一）接发列车工作指挥系统（图 8 - 6）

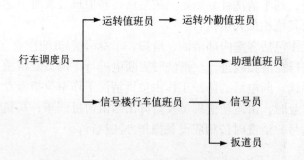

图 8 - 6　接发列车工作指挥系统

（二）接发车作业模式（图 8 - 7）

例如，石龙路停车场接发车作业模式，根据停车场内接发车咽喉道岔布置的特点及影响范围，可分为三种：

1．接发车作业模式一：此模式使用两条联络线双向接发列车，即出场线与入场线都能接发列车。简称双线双向。

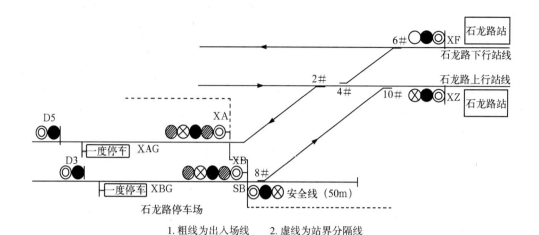

图 8-7 接发车作业模式

此接发车作业模式为首选模式，在正常情况下接发列车时使用。

（1）使用此模式接车时，在两条联络线正向上使用联锁设备接发列车，列车凭信号机显示动车。

1）石龙路上行线走入场线回库：石龙路上行站线回库车看 XZ 回库信号（白灯）动车，经石龙路站 10#、4#、2# 道岔运行至车场 XA 处，凭 XA 进行信号（黄灯或双黄灯）显示进入停车场。

2）石龙路停车场出场线发车：石龙路 SB 进站信号机显示白色灯光车场出场调车进路排妥、信号开放后，车场列车由出场线出场，经石龙路站 8#、10# 道岔运行至石龙路站上行站线。

（2）使用此模式接车时，两条联络线反向列车经由入场线运行至石龙路下/上行站线或列车由石龙路上行站线经出场线回库时无设备联锁，应按电话闭塞手续办理，显示引导信号或引导手信号接车。

2．接发车作业模式二：此模式使用联络线中出场线单线双向接发列车。简称出场线单线双向。此模式为备用模式，在非正常情况下接发列车时使用。

3．接发车作业模式三：此模式使用联络线中的入场线单线双向接发列车。简称入场线单线双向。此模式为备用模式，在非正常情况下接发列车时使用。

（三）接发车作业备用模式使用时机与使用方法

1．使用时机

（1）由于接发车咽喉道岔故障，导致一条线接车进路不能使用联锁设备办理时；

（2）由于岔区轨道电路故障影响接发车咽喉道岔使用，导致一条线接车进路不能使用联锁设备办理时；

（3）由于供电设备故障部分区域停电，不能使用该线接发列车时；

（4）由于车场内线路、道岔、信联闭设备、接触网等行车设备检修施工或其他施工作业，必须停用该线、施工封锁区域包括该线时；

（5）故障车辆迫停于车场咽喉岔区压岔、压轨道绝缘节堵塞一条线时；

（6）联锁设备故障、失效无法使用，必须人工手摇道岔办理接发车进路时，为减低作业难度、提高效率、保障安全，也应使用单线双向接发车模式。

2. 使用方法：

（1）申请：当出现以上情况之一时，信号楼行车值班员应向行车调度员申请改变原接发车作业模式，使用单线双向接发车模式。申请时应同时汇报以下情况：影响接发车作业的原因、两站接发车联锁设备能否正常使用、列车是否需要减速运行和其他必要的情况。行车调度员批准后向两端站行车值班员及运转值班员下达改变接发车作业模式的命令，命令应包括：起始时间、更改后的接发车作业模式、是否改用电话闭塞法行车等信息，如需要限速时应同时给有关列车司机下达限速命令。

（2）恢复：行车调度员在得到信号楼行车值班员关于影响接发车作业的行车设备故障修复、接触网恢复送电、接发车咽喉畅通、封锁线路开通的报告后，应立即向两端站行车值班员及运转值班员发布恢复使用双线双向接发车模式和原行车闭塞法的命令。

（四）接发车工作有关规定

1. 一般规定

办理接车时的确认及准备工作：

（1）信号楼行车值班员在办理闭塞手续时需确认区间空闲。

（2）接车前，必须亲自或通过有关人员确认接车线路空闲、进路道岔位置正确、影响进路的调车工作已经停止后，方可开放进场信号机，准备接车。

2. 停止影响接发列车的调车工作、准备进路和开放进场信号机的时机

（1）接车：不迟于列车到达前10分钟停止调车，不迟于列车到达前4分钟开放信号。

（2）发车：不迟于列车出发前10分钟停止调车，不迟于列车发车前2分钟开放。

3. 确认接车线路空闲的方法

（1）信号楼值班员、信号员通过MMI（人机界面）显示屏上股道表示的显示确认。

（2）VPI控制台发生故障不能确认时，信号楼值班员布置信号员到现场确认。

4. 确认发车进路准备妥当的方法

信号楼值班员通过MMI显示屏的显示进行确认，当VPI主备机故障不能确认时，应通过应急盘道岔定反位表示灯进行确认，遇应急盘故障不能确认时，由扳道员现场确认汇报进路上有关道岔开通的定反位置。

5. 报点工作：列车到达、发出后，信号楼行车值班员应立即向邻站报点并记入《行车日志》内。

（1）使用电话闭塞时应同时向行车调度员报点；

（2）报点时，先报列车实际到开时刻。车场作为始发站、终到站还应报早、晚点时分或正点；

用语：正点："×××次列车正点发/到"；
晚点："×××次列车×点×分发/到，列车晚点×分钟"；
早发："×××次列车×点×分发，列车早发×分钟"。

（3）报点时间按设于信号楼车控室内的行车子母钟为准，子母钟与调度中央控制室内母钟同步。子母钟故障时按《行规》有关校对钟表时间方法执行。

6. 列车到开时刻的采点方法

（1）发车时刻：以列车由场内实际动车后不再停车的时刻为准。

（2）到达时刻：以列车实际停于场内相应接车股道为准。

（五）接发列车的其他规定

1. 列车进入车库的有关规定

（1）同意列车闭塞前信号楼行车值班员应及时与运转值班员联系停车股道，运转值班员确认停车库内股道空闲（电动客车及电力牵引机车车辆入库还必须确认接触网作用良好并已送电）后发出："××次进×道"，信号楼值班员复诵。

（2）列车进入车库前应在库门外一度停车，有人接车时按接车员入库手信号进入车库，无人防护时司机应下车确认车库大门开启良好、接触网已送电后方能入库。列车进入车库限速5km/h。

2. 路票的保管和使用"路票"的规定

（1）"路票"应保存在信号楼车控室行车备品箱内加锁并由专人（当班行车值班员）负责保管。

（2）"路票"的使用规定

1）未与临站办妥闭塞，不准从备品箱内取出"路票"。闭塞未准备妥当，不准填写"路票"。

2）信号楼值班员与信号员及司机交接"路票"时均应执行复唱核对制度。

3）入场信号机发生故障使用引导手信号接车时必须待引导员派出并到位后方能发出电话记录号码。

4）对到达"路票"确认无误后由运转值班员划"×"注销。

5）到达"路票"划"×"注销后由运转值班室统一保管半年，以备检查。

6）"路票"在运行途中遗失（未携带）或填写错误时按《行规》附录1〔电话闭塞〕有关规定办理。

（六）非正常情况下接发列车办法

1. 引导接车办法

（1）当进场信号机发生故障停用时，可开放引导信号接车，遇引导信号故障时，信号楼值班员命令引导员（信号员担任）在进场信号机外方右侧显示引导手信号接车；

（2）当排列进路时，进路中的道岔故障时按《人工联锁准备进路方法》执行准备进路；

（3）发车进路未准备妥当不准填写路票，接车进路未准备妥当，不准布置引导员接车。

2. 场内牵引供电中断时接发车办法

（1）当车场内的接触网线路停电并接地时，不得向该线接入电客列车或电力机车，并在该操纵台上揭挂"停电"表示牌。

（2）当相临正线有电而站内停电时，必须发车时，应在行车调度员指挥下以内燃机车（调机）牵引电客列车，将列车发往正线。

3. 取消接车和取消闭塞时的方法

（1）取消接车时：因故不能接车，对已开放进站信号的列车，在距离接车不足4分钟（规定开放信号时间）或在使用电话闭塞已承认临站闭塞时，除危及行车和人身安全时，禁止关闭进站信号、变更接车进路。

（2）危及行车和人身安全时除关闭进站信号外，立即派出防护人员至现场进站信号机前拦阻列车。

(3) 取消闭塞时：行车值班员在开放出站信号后，需要取消发车时，应先通知司机，并得到回示后，方可关闭出站信号，取消发车进路，然后按《行规》有关内容办理。

4. 向非集中联锁区线路上接车

(1) 向非集中区（没有信联闭设备）的线路上接车，它的特征是列车需经过集中区后再进入无联锁的线路。

(2) 由专人确认线路空闲，按压引导接车按钮。

(3) 操作见表 8 - 1。

VPI 微机联锁设备操作　　　　　　　　　　　　　　表 8 - 1

办理内容	办理闭塞	准备进路	开放信号	附带条件
第一种方法	电话闭塞	道岔单操单锁	引导总锁闭后，开放引导信号	改为电话闭塞需要调度命令
第二种方法	电话闭塞	开放 D5 至 1～3G 调车进路	引导总锁闭后，开放引导信号	改为电话闭塞需要调度命令

5. 进站信号机故障

(1) 进站信号机故障一般为进站信号机不能开放，它的特征是在关闭的进站信号机下，开放引导信号将列车接入站内。

(2) 进站信号机故障时的接车处置如表 8 - 2。

VPI 微机联锁设备操作　　　　　　　　　　　　　　表 8 - 2

办理内容	办理闭塞	准备进路	开放信号	附带条件
第一种方法	正常	道岔单操	开放引导信号	
第二种方法	电话闭塞	开放调车进路	引导总锁闭后，开放引导信号	改为电话闭塞需要调度命令

6. 道岔及道岔区段故障

(1) 道岔故障是指在电气集中联锁设备的控制台上，道岔表示灯无显示，道岔区段故障是指在道岔区段内出现红光带，它们的特征是前者为不能确认道岔的位置（定或反位），后者为不能确认道岔区段故障内的发生原因。但在处理故障的方法上是同一个类型的，所不同的是在出现红光带的区段内，应查明有无机车车辆停留或断轨等情况。

(2) 道岔故障及道岔区段故障时的接车方法见表 8 - 3。

VPI 微机联锁设备操作　　　　　　　　　　　　　　表 8 - 3

办理内容	办理闭塞	准备进路	开放信号	附带条件
方法	电话闭塞	"人工联锁"故障道岔就地手摇并加锁	引导总锁闭后，开放引导信号	改为电话闭塞需要调度命令

7. 进站信号机内第一轨道电路区段故障

（1）进站信号机内第一轨道电路区段故障指的是出现红光带，进站信号机内第一轨道电路区段故障的特征是因延迟接点落下，构不成自闭电路，所以引导按钮不能松开，当松开后，月白灯光即熄灭。

（2）进站信号机内第一轨道电路区段故障处置见表8-4。

VPI 微机联锁设备操作　　　　　　　　　　　　　　　表8-4

办理内容	办理闭塞	准备进路	开放信号	接　车	附带条件
方法	电话闭塞	道岔单操	开放引导接车进路后，每隔30秒就需要补办一次引导，直到接入列车	改为电话闭塞需要调度命令

8. 双线改为单线行车

（1）双线改为单线行车，一般原因是在双线的一条联络线上，因事故、线路破损或有计划的施工等情况而造成使用另一条联络线按双方向行车。

（2）双线改为单线行车按接发车模式有关内容办理。

（3）双线改为单线行车处置如表8-5。

VPI 微机联锁设备操作　　　　　　　　　　　　　　　表8-5

办理内容	办理闭塞	准备进路	开放信号	接　车	附带条件
正　向	设备联锁自动闭塞	正　常	正　常	正　常	改为单线模式及电话闭塞需要调度命令
反　向	电话闭塞	单操道岔或建立反向进路	接车正常，发车看石龙路引导手信号	正　常	

9. 遇微机联锁 VPI 主备机均故障时，应按下列规定办理：

（1）在工作中发生 VPI 设备主备机故障而不能使用时应立即通知信号部门维修并使用应急盘操纵道岔准备进路。

（2）当接发车进路或调车进路建立后，此时一旦 VPI 设备故障启用 VPI 应急盘时，信号楼行车值班员应立即命令信号员按下应急盘上的［引导总锁］按钮锁闭场内道岔，保障进路的安全。

（3）信号楼值班员应随时掌握各线路存车、场内行车设备施工维修、道岔是否良好、车辆调动及其他必须了解的现场情况，在应急盘开始使用前必须派出胜任此项工作的人员现场调查情况、并向信号楼值班员汇报，由信号楼值班员认真记录在"白板"上。

（4）用应急盘操纵道岔准备进路时，应先确认该进路上需要操纵的道岔区段内无机车车辆、无影响该进路的施工作业，无法确认时，及时派出信号员或胜任此项工作的人员现场确认进路并与信号楼值班员保持联系。

（5）用应急盘操纵道岔准备进路完毕后，必须按下［引导总锁］按钮锁闭进路，经信号员自查和行车值班员复查准确无误后，行车值班员方可指示司机动车。

（6）用应急盘操纵道岔准备进路时，在同一时段内只能排列一条锁闭进路，严禁在列车车辆未进入相应股道或到达指定地点前解锁进路或排列其他进路。

（7）进路锁闭后，信号楼值班员应立即指示司机动车。指示动车的命令应包括锁闭进路妥当、进路起止位置、沿路信号机状态及可否越过、其他必须说明的状况。

（8）司机在接到信号楼值班员"×道至×道锁闭进路准备妥当，准许动车"的指示后方可动车，调车员和司机应仔细观察运行前方的线路与道岔情况，遇有危及行车安全的情况应立即停车并及时向信号楼值班员汇报，等待处理。

（9）在信号楼行车值班员指示司机可以动车后，信号员应严格监控列车车辆运行情况，在列车出清进路或全部进入相应股道后立刻向行车值班员报告。遇信号员所在位置无法查清进路占用情况时，应由列车司机通知信号楼行车值班员列车已运行到位并已全列进入相应信号机内方。信号楼值班员在得到列车、车辆确已到位的报告后，方可指示信号员解锁锁闭进路。

10. 遇微机联锁 VPI 主备机均故障时并且 VPI 应急盘也故障或信号联锁设备失电不能使用，应按下列规定办理：

（1）在发车过程中应立即起用《发车定位准备制》应急发车工作程序。

（2）在办理其他进路中应立即使用《人工联锁准备进路办法》现地手摇道岔准备进路。

二、调车工作

（一）调车工作的领导指挥系统

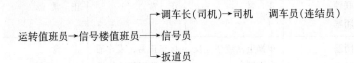

场内调车作业设调车组，调车组设调车长（由司机兼任）、司机、调车员（连结员）。

（二）场内调车工作有关规定

1. 调车工作一般要求

（1）及时编组、解体电动客车，保证按列车运行图的规定时刻发车，不影响接车；

（2）及时取送施工抢修作业和检修的车辆；

（3）充分运用调车及一切技术设备，采用先进工作方法，用最少的时间完成调车任务；

（4）调车工作应严格执行《技规》、《行规》、《安规》有关调车规定，保证调车有关人员的人身安全及行车安全。

2. 调车应采用无线调车和灯显设备相结合，并使用规定频率，其灯显方式符合有关要求。严格执行上级制定无线调车设备使用、维修、管理办法，保证设备正常使用。

3. 调车工作组织原则

（1）车场内的调车工作由运转值班员统一领导指挥。

（2）当班运转值班员在接班时应认真确认股道、线路存车辆数、停留车位置并实时监控，根据运营计划、施工计划、车辆检修/整备计划、车辆调动（包括转线、解编、编组、牵引对位）需求制定阶段调车计划。在阶段调车计划制定后及时向信号楼值班员下达并通知备用司机/调车组做好出车准备。

（3）遇有临时调车任务，运转值班员来不及制定阶段调车计划时可直接将调车作业内容下达至信号楼值班员，由信号楼值班员按现场作业状况和任务轻重缓急直接向调车指挥人下达调车作业内容指挥调车作业。

（4）除电客自行驱动转线/洗车作业外，其他调车作业都必须两人以上，一个司机（兼调车指挥人）及一个调车员。在推进时如司机确认调车员手信号有困难时应指派参与调车的其他人员中转信号，使用无线对讲机时司机如无法听清信号指示应立即停车。

（5）场内调车限速25km/h，进入车库限速5km/h，接近被连挂车及在尽头线调车时限速3km/h。遇瞭望条件不良应适当降低速度。

（6）场内调车作业不得与接发车作业相抵触，原则上在接发车时段内不安排任何调车作业，影响接发车作业的调车作业必须在接发车作业开始前10分钟停止。

（三）调车工作制度

1. 调车工作中执行以下制度：

（1）对号交接制：在规定地点调车组立队对号交接线路存车辆数、停留车位置无线电台、安全及有关注意事项。

（2）作业前准备制度：每批作业前（一张调车作业通知单）调车组长要布置好计划、作业方法，调车员做好入线前线路、车辆检查。电客解体作业时必须确认连结器、风管、电气连结线全部拆除后方可开始作业。

（3）班后总结制：每班工作完毕后，由调车组长负责召集调乘组人员参加小组会，及时总结本班安全及生产任务完成情况，做好生产记录，遇非正常情况及时向运转值班员汇报。

（4）要道还道制度：要道还道的目的是防止进错道或挤岔事故的一种人工联锁方法。因此要相互监督，相互检查，它既是一种联系方式、也是相互控制的制度，以保证准备整条进路过程中各个方面的安全。

1）在非集中联锁或集中联锁设备联锁失效时，车场的调车作业实行严格的要道还道制度。

2）需要要道还道时，统一为"进×道要×道"、"出×道要×道"。连续调动车辆时，只要求第一钩实行要道还道制度，从第二钩起，扳道员按"进路人工联锁工作单"的要求扳动道岔。

3）要道还道时调车长、司机向信号楼行车值班员要道，行车值班员指示扳道员准备进路，扳道员在进路准备妥当后向行车值班员汇报，行车值班员确认进路准备妥当后向调车长或司机还道"×道至×道进路好，准许动车"；另一种是扳道员在整条进路准备妥当后，直接向调车长或司机还道。

4）由扳道员还道时，应及时向调车长、司机显示股道号码及道岔开通信号，列车出库时应显示出库手信号。

5）调车组应熟悉站场内线路与道岔的定反位置。

6）电客司机出库时应逐副确认进路上有关道岔位置。

（四）调车计划的布置和变更

1. 调车计划的编制、下达

（1）调车作业计划由信号楼值班员根据运转值班员下达的调车作业内容编制书面计划（使用调车作业通知单），书面计划编制后电话抄送给运转值班员，由运转值班员负责抄送给调车组长。

（2）编制调车作业计划一式四份。调车组长（司机）、运转值班员、信号员各一份，存根一份。

2. 调车作业计划的变更

（1）一批作业（指一张调车作业通知单）变更计划不超过三钩时，可用口头方式布置，但必须停车向有关人员传达清楚，复诵核对正确。

（2）严禁调车员变更计划，必须变更时必须得到信号楼值班员的同意，并征得运转值班员的同意。

（五）手推调车作业

1. 停车场内原则上不实行手推调车作业。遇特殊情况必须使用手推调车时，要取得信号楼行车值班员的同意，由当班运转值班员编排调车计划。手推调车速度不得超过3km/h，并由调车人员负责制动。

2. 下列情况禁止手推调车：

（1）在超过2.5‰坡度的线路上（确需手推调车时，须经安全部门和上级部门领导的批准）；

（2）遇暴风雨雪天气车辆有溜走可能或夜间无照明时；

（3）接发列车时，能进入接发列车进路的线路，并且无隔开设备或止轮器；

（4）装有爆炸品、压缩气体、液化气体的车辆；

（5）接触网未停电的线路上，对棚车、敞车类的车辆；

（6）人数不足或没有安排制动人员时。

（六）场内试车作业

为方便检修人员测试检修后电客车辆的技术性能，以确保车辆能符合运营条件，所以在车辆进行维修后需要试车。

场内试车作业分为三种：专用试车线试车、股道试车及非进路试车。

1. 试车线试车

由车辆维修部门向运转值班室提出试车申请，运转值班员通知信号楼布置进路，列车按调车信号驶入试车线规定地点停车，待办理完试车进路后按需要进行调试。

2. 股道试车

当电客车辆在车库内股道上进行小范围动态测试时使用股道试车的规定：

（1）股道试车时，无需得到信号楼行车值班员的同意，但检修人必须向运转值班员申请"股道试车"，得到运转值班员的同意后，由运转值班员派出司机配合试车。

（2）如股道试车时有可能越过股道前方防护信号机时，运转值班员在同意试车前应通知信号楼行车值班员办理一条短进路、开放信号机，用以防护。

（3）股道试车前应确认与试车无关工作人员已撤离、止轮器已撤除、线路上无障碍物、股道已送电后，检修人员方可指示司机动车，指示不明确或危及行车安全时司机应拒绝执行。

（4）司机在进行股道试车时应严格按场内信号机的指示运行，信号机没有进行信号显示时，严禁越过。

（5）股道试车时，一旦电客头部越过信号机后，未得到信号楼值班员的准许不准司机擅自退行。

（6）股道试车限速 5km/h。

3. 非进路试车

当电客车辆在车场线路上进行大范围动态测试时使用非进路试车的规定：

（1）非进路试车时，检修人必须先向运转值班员申请非进路试车。

（2）在信号楼行车值班员发令同意非进路试车后，由运转值班员派出人员配合试车司机并发给司机非进路试车命令。

（3）信号楼行车值班员发令允许进行非进路试车前，必须确认试车时间内无计划接发车作业。

（4）非进路试车时，所建立的非进路只能由车库股道通往场内牵出线，该非进路试车必须封闭。

（5）在确认与试车无关工作人员已撤离、止轮器已撤除、线路上无障碍物、股道已送电后，检修人员方可指示司机动车，指示不明确或危及行车安全时司机应拒绝执行。

（6）试车司机必须凭令动车，进入封闭进路时确认信号，进入后按非进路试车命令有关内容试车。

（7）遇有行调布置的临时接发车作业命令，信号楼行车值班员应立即停止非进路试车并指示试车车辆停于牵出线待命。非进路试车停止后应同时收回命令，待非进路试车作业恢复后再次交递命令后开始试车。

（8）非进路试车申请程序：

非进路试车时，检修人必须先向运转值班员申请"××股道电客车辆非进路试车"，运转值班员向信号楼行车值班员联系作业，信号楼行车值班员同意后发布非进路试车命令，运转值班员将命令内容记入《电话记录登记簿》内，由运转值班员负责填发《非进路试车许可证》交给非进路试车司机。

非进路试车结束后，试车车辆应停于命令中指定的股道内，由运转值班员收回《非进路试车许可证》，注销后通知信号楼行车值班员非进路试车结束。

（9）非进路试车办理方法如下：

1）办理：

信号楼值班员在得到运转值班员"×道至牵出线非进路试车"的通知后，指示信号员排列×道至牵出线的调车进路。调车进路排列妥当后，按下"引导总锁"按钮锁闭站场内所有道岔。

"封闭进路"完成后信号楼值班员向运转值班员发布非进路试车命令。

2）解除：

试车完毕运转值班员收回《非进路试车许可证》并划叉注销后通知信号楼值班员"×道非进路试车结束"，信号楼值班员方可指示信号员解锁"封闭进路"。

（10）使用"封闭进路"注意事项：

1）凭令进入封闭进路后的机车、车辆可在指定范围内按线路规定速度来回动车，沿路调车信号机红色灯光显示均可越过。

2）"封闭进路"办理后，全场将处于"下行引导总锁闭"状态，全场道岔锁闭，因此其他调车、接发车作业将不能办理。

（11）非进路试车命令与许可证的格式

非进路试车命令为格式命令，《非进路试车许可证》是进入场内封闭进路试车的凭证。

进路试车命令内容应包括：电话记录号、封闭试车内容、试车完毕后停放股道、信号楼行车值班员姓名、发令时间。

《非进路试车许可证》由运转值班员根据信号楼行车值班员非进路试车命令有关内容填写。内容包括：电话记录号、封闭试车内容、试车完毕后停放股道、运转值班员姓名、填写时间。

样张：

```
                    非进路试车许可证
   电话记录号_____
        _____股道至牵出线进路封闭，准_____道试车车辆凭令
   进入封闭线路试车。沿路两个方向的调车信号机红色灯光均允
   许越过。
        试车结束后停于_____股道
        此令收回后注销          运转值班员_____
                                    ___年__月__日
```

（七）特殊情况下的调车作业办法

1. VPI主备均故障时，应使用应急盘用单操道岔锁闭进路的方法进行调车作业。

2. 失去联锁不能转为应急盘操纵方式时，以及道岔及轨道电路故障，致使进路中的道岔不能转换到所需位置时，应立即按现地手摇道岔准备调车进路。

3. 严禁使用越出站界调车法，必须越出站界调车时，要向行调申请"发车作业"，行调同意并发出"发车作业"的调度命令后，方可向邻站请求闭塞。

第五节 乘务管理

一、乘务管理的重要意义

城市轨道交通列车乘务员指的是电动列车司机，他们处于城市轨道交通运营的第一线，肩负着行车安全的主要责任。因此，如何合理安排乘务员作息时间、制定值乘方案、分配人员、教育培训及安全监督显得尤为重要，这些管理制度和措施的制定不仅要与实际运营相结合，而且要有一定的科学依据作保障，做到在人员精简高效的同时还要确保运营的安全。

二、乘务员值乘方式

（一）关于乘务员的配备

根据国外有关技术资料对运营线路所需乘务员数量的计算公式如下：

$$Tlz = \Sigma Cxl / Vli$$

式中　Tlz——一天的总列车运营时间；

　　　　Cxl——日列车公里；

　　　　Vli——列车的旅行速度。

$$\eta = （365 - 休息天）/365$$

式中　　η——出勤率。

$$Px = Tlz \cdot （1 + a） / （Tj \cdot \eta）$$

式中　　Px——司机所需人数；

　　　　a——储备系数，一般取10%；

　　　　Tj——司机每天工作日的实际驾驶时间。

那么利用此公式对一条即将开通的线路所需要的乘务员人数进行测算。运营所需条件是：

1. 运用列车：9列

2. 备用列车：1列

3. 日列车公里数：4300km

4. 出勤率：50%

5. 日实际驾驶时间：6小时

$$Tlz = \Sigma Cxl / Vli = 4300/31.9 = 134.8 \ 小时$$

$$Px = Tlz \cdot （1 + a） / （Tj \cdot \eta） = 134.8 \times （1 + 10\%） / （6 \times 0.5） = 50 \ 人$$

计算结果为50人，得出每列运营车辆所配司机5.6名，那么按照运用9列车，备用1列车来算需56名乘务员，再加上10%的备用人员6名，那么理想配备乘务员估计在62名左右。

（二）几种不同值乘方式

以下举例说明几种不同值乘方式的特点，例子中运营时间为5：30至22：30共17小时，配置列车数为10列。

1. 方式一

（1）值乘方法：包乘（一人一列）。

（2）司机配备和轮班方法：

轮班方法为五班三运转，即早班、日班、中班、休息、休息。每班14人，包括值乘司机10人、终点折返司机3人、组长1人，五班共70人。五个班加上10%的备用司机，共需司机77人。具体工作时间见下表：

	接班时间	下班时间	实际驾驶时间/人
早班	5：30 始	11：00	5小时30分钟左右
日班	11：00 始	16：30	5小时30分钟左右
中班	16：30 始	回库	5小时左右

（3）交接班：

接班司机需预先用电话向运转值班室了解自己包乘列车当日运营车次，并在规定的时间段内完成本列车驾驶工作的交接，不限地点。其中，早班司机必须在当班前一天晚上到车库司机公寓内休息。中班司机在运营结束后可回家休息。

（4）特点

1）司机对自己包乘列车的车况、性能比较了解，有利于司机对列车的保养及维护。

2）司机与列车相对固定，便于管理和监督。

3）每天的实际工作时间缩短，减轻了司机的作业强度，提高安全系数。

4）取消了中班司机连早班的值乘方式，消除了因睡眠不足而带来的安全隐患。

5）要求运营列车相对固定，不宜频繁更换。

6）作业人员增加，司机配备比轮乘制多50%左右。

7）对运营列车运行表的编排要有计划有规律，备车和计划修车调配要求合理。

8）中班司机下班回家较晚，需要安排车辆接送。

9）由于司机是连续驾驶，增加了在作业过程中的疲劳。

2.方式二

（1）值乘方法：包乘（2人一列）。

（2）司机配备和轮班方法：

轮班方法为四班二运转，即日班、夜班、休息、休息。每班21人，包括值乘司机20人、组长1人，四班共84人。再加上10%的备用司机，共需司机92人。具体工作时间见下表。

	接班时间	下班时间	实际驾驶时间/人
日班	7:30始	16:30	4小时30分钟左右
夜班	16:30始	次日7:30	3小时30分钟左右

（3）交接班

接班司机需预先用电话向运转值班室了解自己包乘列车当日运营车次，并在规定的时间段内完成本列车驾驶工作的交接，不限地点。夜半司机回库后在司机公寓内休息，次日投入早班运营。

（4）特点

1）两名司机包乘一列车，对自己包乘列车的车况、性能比较了解，有利于列车的保养及维护。

2）司机与列车相对固定，便于管理和监督。

3）每天的实际驾驶时间缩短，减轻了司机的作业强度，提高安全系数。

4）要求运营列车相对固定，不宜频繁更换。

5）作业人员浪费严重，司机配备比轮乘制多100%左右。

6）对运营列车运行表的编排要有计划有规律，备车和计划修车调配要求合理。

7）当值司机需在运营途中就餐，带来不便。

3.方案三

（1）值乘方法：轮乘。

（2）司机配备和轮班方法：

轮班方法为四班二运转，即日班、夜班、休息、休息。每组配备司机可按实际投入使用列车进行计算，假设每日运用列车8列，那么司机需要8名，两端终点加3名折返司机及组长 1 名，每组共计 12 名，再加 10% 的备用司机 5 名，四组共计司机 53 名。司机轮流驾驶列车，终点安排休息，具体工作时间见下表：

	接班时间	下班时间	实际驾驶时间
日班	7:30 始	16:30	6 小时左右
中班	16:30 始	次日 7:30	5.5 小时左右

（3）交接班

在线路某一固定地点上下行进行，由班组长或专人负责记录监督。列车出库、回库的交接在停车场内进行。

（4）特点

1）由于采用轮乘，司机配置人数可减少到最少程度。

2）司机值乘时一人工作，对司机的要求较高。

3）不利于列车保养，值乘人员对列车性能不熟悉，需制定措施强化值乘要求。

（三）国内城市轨道交通常用值乘模式

国内地铁目前常用值乘模式基本采用轮乘的方式进行，目的是精简人员提高效率。随着城市轨道交通的进一步发展，自动化程度的不断提升，更科学更合理的值乘方法将不断涌现。由于每条运营线路条件不同，所以上述对电动列车司机值乘方法的设想可根据自己的实际情况进行调整设置。

三、乘务员应具备的基本素质

（一）身体素质

乘务员作为行车工作的一线人员需要较高的体力和脑力要求。身高要 160cm 以上，裸眼视力 1.2 以上，无色弱、色盲等视力症状，且无高血压、心脏病等易突发性的疾病。要求体态灵活，思路敏捷。

（二）技能素质

乘务员上岗前需经过专业培训，掌握基本行车规则、行车设备的基本知识、车辆构造、列车驾驶操作、常见列车故障排除方法等技能要求，而且在实际列车驾驶中合理运用，保证行车安全生产。

（三）职业道德素质

列车运用的目的是安全、便捷、准点、舒适地运送乘客，因此要求乘务员具备高尚的职业道德修养，养成良好的驾驶习惯，文明的操作方式，做到安全第一，服务至上的职业要求。

四、乘务员的培训与考核

电动列车乘务员是专业性强，技能要求高的工种，因此对乘务员的培训要求也相当严格，乘务员培训大致分以下几个方面。

（一）等级培训

各地对城市轨道交通列车乘务员有相应的等级要求，如上海市劳动局对城轨列车乘务员制定了初级、中级、高级三个不同等级，每个等级都有其相应的培训要求。

1. 初级

通过初级培训学习，使学员了解电动列车车辆的基本构造，掌握行车安全知识和操作技能，并具有对相关电动列车车型的日常检查及简单故障的判断和排除能力，达到能独立驾驶电动列车的要求。此等级是乘务员入门级的培训，因此强化了对车辆、行车规则及车辆基本操作的培训，而且需要一定的实际操作时间，让乘务员积累感性知识。初级培训周期较长，一般需 1000 课时。

2. 中级

通过中级培训学习，使学员在城市轨道交通运营理论上有所提高，具有一定电动客车车辆故障判断及应急处理能力，能解决运行中大部分问题，并且具有带教电动列车实习司机的能力。

3. 高级

通过培训，使学员对车辆机械结构、电气原理有进一步了解，对车辆疑难故障的判断和处理有一定的能力。另外，能较全面掌握行车理论知识，且有能力制定一般列车运用及乘务管理的方案。

(二) 考核方式

各类等级培训结束后都需进行考核，考核合格后方能取得相应等级资格。考核主要分两大类，一是理论考核，以书面形式进行，内容包括车辆专业知识、技规和行规、列车驾驶安全等内容。另一类是实际操作考核，内容包括驾驶技术、规范操作、故障处理等。考核时设立专门机构对试卷及考题进行审核，并指派专业人员实施监考。

第六节　列车驾驶安全

一、列车驾驶安全的重要性

轨道交通运行是一个具有规律性的动态过程，在这个动态过程中要避免各种不利因素对行车工作的影响。如人的因素影响、设备因素影响、环境因素影响等。而这种影响造成的后果将辐射到安全、服务、运营乃至社会的各个方面。为了减少和消除由于各类因素造成的不良影响，每位参与城市轨道交通运行的工作人员必须时刻牢记"安全第一、便民第一"的运营宗旨，确立安全行车和服务乘客的思想意识，并将之落实在我们的各项工作之中。

(一) 强化行车安全思想意识

行车安全一般是指城市轨道交通列车在运送旅客的过程中对行车人员、行车设备以及乘客产生作用和影响的安全。

城市轨道交通在社会生活、社会经济中的重要地位决定了城市轨道交通行车安全的重要性。国内外轨道交通运输都把运行管理中的行车安全放在突出位置，行车安全的质量指标成为衡量城市轨道交通管理水平的重要环节。由于行车安全涉及到企业的形象、人民生命财产安危、国家财产以及社会稳定。因此强化行车安全意识，确保运行安全成为我们列车乘务工作的重中之重，成为列车运行的永恒主题。

(二) 树立社会服务意识

服务社会是我们城市轨道交通运行工作开展的依据和原因，也是我们轨道交通运输行业化基础管理的目的所在。因而树立社会服务意识是我们在行车工作中必须确立的思想观念。

随着社会发展和人民生活水平的不断提高，城市轨道交通已经成为市民出行的重要交通工具。在当前由于城市轨道交通工具有着其他交通工具所无可比拟的优越性，因此越来越多的市民选择乘坐城市轨道列车。城市轨道交通列车的运行与广大人民群众的利益紧密联系起来。社会服务成为我们列车运行的立足点和出发点。我们只有真正树立社会服务意识，真诚为乘客服务，才能树立良好的企业形象，增强企业的竞争力，使企业的经济效益不断提高，使企业职工的受益不断提高，使企业在整个社会经济的竞争中立于不败之地。

行车安全和服务社会是相辅相成、相互联系的。如果没有列车运行的安全，服务社会就将是一句空话，将成为无源之水，无根之木。而如果没能真正树立社会服务意识，缺乏为乘客服务的思想观念，就不可能切实完整地做好行车安全工作，这已经被许许多多的实践所反复证明。

二、影响行车安全的重要因素

在城市轨道交通运营过程中，行车安全直接关系到人民生命财产、国家财产、社会安定等十分重要的内容。因此分析和研究影响行车安全的主要因素以及确保安全行车，进行安全管理是一项紧迫而长期的任务。

（一）违章行车构成的原因

违章行车是指列车驾驶员在值乘、出勤或操纵列车运行过程中与有关安全规定、运行规定、行车纪律等要求相违悖的行为。

1.违章行车的基本分类

按照违章行车实施时的意识倾向可以把违章分为有意识的和无意识的违章。有意识的违章一般是指列车驾驶员在明知其行为触犯有关规定的情况下，存在着侥幸心理而实施的违章；无意识的违章一般是指列车驾驶员由于在技术业务上或经验上的缺陷而产生的其没有知觉的违章。

按照违章行车的后果和程度可以把违章分为严重违章和一般违章。严重违章是指在违章行为的实施过程中，可能或者已经对行车安全构成威胁和影响的违章；一般违章是指在违章行为的实施过程中，没有对行车安全产生直接威胁和影响并且情节比较轻微的违章。

按照列车驾驶员值乘列车的过程可以把违章分为值乘准备阶段违章、操纵列车阶段违章和退勤阶段违章。值乘准备阶段的违章是指列车驾驶员在出勤后至列车动车前进行各种值乘准备过程中产生的违章行为；操纵列车阶段违章是指列车驾驶员在操纵列车运行过程中产生的违章行为；退勤收车阶段违章是指列车驾驶员在返出列车运行进行各项退勤以及收车辅助工作时产生的违章行为。

2.违章行车的危害性

违章行车无论是何种类型、何种表现形式，从一开始产生就会造成不良后果与危害，所不同的只是这种不良后果与危害的程度以及损害的客体有区别。其危害性主要有以下几个方面：

（1）违章行车是行车事故的源头，是行车事故的隐患、恶疾，是行车事故发生的先兆。

（2）违章行车使操纵者对行车事故的后果失去应有的警惕，一次违章可能不会立即产生事故，但是在每一次行车事故中都隐藏着违章行车的痕迹。

（3）违章行车会给城市轨道交通运输秩序造成紊乱，给市民的出行造成不便。

（4）违章行车给轨道交通运输企业的形象造成伤害。

（二）行车事故的危害性

行车事故的发生，必然会产生相应的后果，而这种后果由于受环境影响，受事故性质的作用，从事故产生的一开始就不以人的意志、愿望而变化或终止，具有十分严重的不可预测性和危害性。

1. 造成人民生命财产的损失与伤害；

2. 造成国家和财产的严重损失，给企业的经济效益造成损失；

3. 给城市轨道交通运输的正常秩序造成紊乱，严重影响乘客出行；

4. 严重的行车事故将会给城市轨道交通的形象以及社会造成十分恶劣的负面影响。

（三）影响安全行车的主要因素

1. 行车纪律松弛、制度执行不严。

纪律松弛，出乘标准化作业不落实，责任制贯彻不力，是影响安全行车的一大顽症。

2. 疲劳行车、情绪开车。

睡眠不足和受外界环境影响而产生的情绪带入运行作业中，使司机产生生理、心理的疲劳，使操纵者精力不济，精神不能集中，给安全行车带来隐患。

3. 业务素质不高。

由于技术培训问题及缺乏经验，司机业务水平不精，不能及时处理运行中的突发事件和故障。

4. 安全意识不强。

司机思想波动大、情绪不稳定、责任心不强、行车纪律观念淡薄、臆测行车是造成行车事故发生的重要原因。

5. 行车技术设备不完善。

行车设备老化，技术设备结构的不合理使之不能适应实际行车的需要。

6. 风、雪、雷、电等恶劣气候及环境的影响。

风、雪、雷、电等恶劣气候对安全运行的影响是不可低估的。列车司机对气候环境变化及对突发事件的正确处置与否直接影响城市轨道交通运输的安全。

7. 安全管理以及制度、规章的适应性存在缺陷。

安全管理归根结底是对人的管理，而各项制度的健全和完善是行车安全的基础，是行车安全的依据，没有完整有效的制度与规定是制约安全行车的重要因素。

三、行车不安全因素的控制

从安全运行管理的角度分析，行车事故的发生是由多种原因造成的，它必然包含一系列的变化——误连锁，最终导致由各种不安全因素的演变，造成行车事故。因而对行车不安全因素的控制是行车安全的重要环节。

（一）加强对列车司机的违章行为造成行车事故的管理与控制。

从许多的行车事故案例分析表明，人的不安全行为是引起行车不安全因素以及行车事故的直接原因。因此通过对列车操纵者的教育、培训、考核、惩戒等方法，使列车操纵者对安全行车采取正确的态度。

（二）不断做好对列车操作者的技术业务培训。

操纵者的技术知识不足特别是安全行车知识的缺乏、没有经验是引起行车不安全因素的重要原因。通过加强安全行车知识和业务技术知识的不断学习，使列车操纵者在技术和经验上得到提高，成为合格的操纵者。

（三）强化和改善对行车设备的管理。

许多行车事故的发生都留下了行车设备技术状态不良的痕迹，因而不断进行相关行车设备的技术改造，使行车设备功能符合运营要求。

（四）提高操纵者的适应环境变化与处置突发事件的应变能力。

由于运行环境变化和行车中产生突发事件的经常性，因而提高操作者在产生意外事件时的应变能力是防止与减少行车事故的重要因素。在不断学习的基础上，以各类预案和规定为依据，开展定期和不定期的讲解、演练、培训，增强应变能力。

四、列车安全驾驶的基本规定

（一）电动列车司机必须牢记"安全第一、便民第一"的宗旨，遵守和学习有关的安全规定和运行规则，严格按照安全制度、行车规则执行乘务驾驶任务。

城市轨道交通是一个现代化程度很高的交通工具，必须有良好职业素质的人去完成各种行车任务，而电动列车司机则是第一线的操作者，所以必须有高度的安全意识和服务意识，并且要能够不断学习与遵守规则的素质才能确保运行正常进行。我们把富有纪律性、严格执行规章制度的司机看作是保证安全行车的基本因素之一，在人与技术设备的有机联系中，人是最主要的方面，如果在经常性发生人为失误造成事故的状况下，最精良最先进的设备也会变得不那么可靠了。国内外历次事故的分析与调查都表明，由于人为失误造成事故的比例大于技术缺陷所造成的事故的比例。因此，行车人员树立安全意识、学习和遵守安全规定是十分重要的。

（二）电动列车司机必须掌握列车（车辆）的基本构造、性能，具有一般的故障处理能力，熟悉轨道交通线路和站场等基本设施情况，包括必须明确担任驾驶区段、站场线路纵断面情况。

作为电动列车的驾驶员对列车（车辆）必须有一个较完整的了解，主要表现在对操纵列车技能的掌握和对主要部件构造、性能的知晓，只有在掌握和了解性能、作用的基础上，才能够使自己具备处理故障的能力。在列车运行中出现故障的情况可以说是具有经常性，特别是有关功能性的故障出现较多，所以能否在规定时间内及时、准确地排除故障实际上已经成为电动列车司机技术业务的标志之一。一名电动列车司机的技术业务好坏还表现在对线路纵断面的熟悉程度并具体在驾驶技术上得到体现。所谓线路纵断面一般是指线路中心纵向垂直断面，它表示地形、状况、线路坡度、线路长度、里程、标高以及线路周围设施情况等，经过学习和经验积累较好地掌握了线路纵断面状况后就能得心应手地驾驭列车投入运行，应付各种运行过程中的事件。

（三）电动列车司机还必须掌握其他相关的业务能力和具有一定的应变能力。如懂得救援的过程和方法，懂得消防灭火的要求，学会扑灭初起火灾的方法，知道常用灭火机的使用等等。

特殊情况下的处置方法，对一个电动列车司机来说，同样是必须掌握的基本要求。因为在城市轨道列车的运行中，一般情况下只有司机一个人值乘，而运行中的突发事件由于各种因素的存在，有着不可预测性，在事件的初期往往只有司机能够最早发现和知道，所以一名职业素质较好的驾驶员应该而且必须掌握有关事件初期的处理方法，使事件能够在初期阶段得到控制和处置，减小损失，稳定现场局面。

鉴于电动列车司机在整个运行过程中的重要作用，因此城市轨道交通管理部门规定了电动列车司机上岗值乘的必要条件。首先是司机必须经过考试合格，并取得"电动列车驾驶证"后方准独立驾驶电动列车；其次是脱离驾驶岗位6个月以上，如再需驾驶列车必须对业务知识和安全运行知识等进行再培训与考核并且合格；对驾驶员的纪律性和身体状况、心理状况要有相关管理部门以及有关领导做出鉴定。符合以上几个必需条件时才能够上岗驾驶列车，以保证行车工作安全和行车秩序正常。

五、行车事故及处理程序

（一）行车事故处理原则

行车事故是指车辆在运行中发生的对运营产生影响、造成人员伤亡、中断或延误行车、设备损害的事故。要及时、正确、有效地处理城市轨道交通运营中发生的行车事故，吸取事故教训，不断总结经验，维护轨道交通运营秩序，确保行车安全，认真贯彻执行"安全第一、预防为主"的方针。根据《城市轨道交通管理条例》的基本原则，城市轨道交通管理部门制订了相关的行车事故处理文件，作为规范、分析、调查、处理行车事故的依据。主要有以下三点使用：

1. 它是处理行车事故的依据。在条款中具体列举了各种事故现象，界定了各类事故的性质，便于相关部门参照执行。

2. 明确了事故发生后的报告程序、报告内容、处置权限。有利于在实际操作时有效、迅速、准确地分清职责、落实责任、采取措施。

3. 有利于有关行车部门制定相应的安全规章制度，使"安全第一、预防为主"的方针、政策进一步细化、深化和落实以保障行车安全。

（二）行车事故分类和报告程序

1. 分类

一般将城市轨道交通行车事故按照其性质、损失以及对行车造成的影响分为重大事故、大事故、险性事故和一般事故四个类型。

2. 报告程序

行车事故的报告程序直接关系到行车事故发生后的处置，关系到行车事故发生后能否及时、迅速地开通运营线路恢复正常行车秩序。良好畅通的信息传递能够使事故损失减少到最低最小程度。反之，如果由于信息传递程序复杂、混乱，将会引起事故后果与损失扩大，延误事故的处理。

（1）由值乘列车的司机报告行车调度员，如果因通讯等因素的影响不能时，则报告最近车站的行车值班员，由行车值班员转报行车调度员。

（2）行车调度员应将发生情况立刻报告上级主管部门，并且做出是否需要出动救援列车的决定。

（3）上级有关部门接报后，应立刻通报总经理、主管运营和安全的副经理，如涉及公共安全需通报公安部门协同处理。

（三）行车事故报告的内容

无论行车事故的性质如何，在发生有关行车事故（事件）后其报告内容应包括以下条款：

1. 发生的时间，包括月、日、时、分；

2. 发生的地点，包括区间、公里、百米、站、站场线等；

3. 列车车次、车号及涉及人员职务、姓名；

4. 事故概况及基本成因；

5. 人员伤亡情况以及车辆、线路等地铁设备损坏情况；

6. 是否需要救援等。

在紧急时，特别是在发生重大事故或大事故时，由于现场情况和环境情况必然很复杂、混乱，事故的当事人可能一时难以述清情况，此时可先报告上述部分内容，但必须报清事故发生的位置、事故概况，即当时发生了什么、是否需要立即救援帮助等，以利于行车安全管理部门和领导决策。

必须进行现场事故抢救和救援时由行车调度员及时通知各相关部门进行。各相关部门应按行车调度员以及上级有关领导的指示作好救援和准备，及时出动展开救援工作。

（四）行车事故的处理、调查、分析

1. 在发生行车重大事故与大事故后

（1）在事故报告程序完成后，有关人员要迅速进行事故现场的处置。

（2）若事故发生在运行区间，在上级有关人员以及救援人员到达事故现场前，值乘司机负责引导乘客自救、组织疏散、安抚乘客等活动，等待进一步救援。

（3）在有关救援人员到达后，应由事故现场的最高行政管理人负责指挥或委任有关行车管理专业人员指挥抢救、处理善后工作。

（4）若事故发生在车站时，应由车站站长负责乘客救援、组织乘客离开现场，并保护现场、查找证人、作好记录，等待有关救援人员与相关领导到达进行进一步救援活动。

（5）车站站长应在救援专业人员到达后向有关领导报告，并听从到达现场的最高行政领导或最高行政领导委任的救援指挥员的命令。

（6）现场勘察由行车管理部门与公安部门按规定进行。

2. 在险性事故或一般事故发生后

（1）值乘司机必须按规定程序要求报告，并且等待行车调度员的进一步命令指示，按命令要求执行，不得擅自移动列车。

（2）如需事故救援时，值乘司机应按照规定请求救援，并在救援人员或设备到现场前负责列车安全、乘客安全等工作。

（3）在救援人员到达后司机应向现场指挥人员简单报告情况，并按行车调度员或指定的事故救援指挥人员的命令执行。

（4）关于事故现场的勘查工作由行车管理部门按规定进行。

3. 事故调查、分析

重大事故或大事故发生后，应成立事故处理调查小组负责调查、处置、协调、善后、分析等各项工作，包括现场摄、录像及绘制现场草图、设备检测、收集物证、询问人证、调查记录现场情况等。值乘司机和事故有关人员要积极配合，实事求是提供当时情况报告，以便于掌握现场真实资料，评定和分析事故产生的原因及确定事故责任，明确事故责任者和事故关系者，制订防范措施。

对事故涉及城市轨道交通行业以外单位的调查，由事故调查小组与相关单位协调处理，必要时提请司法部门裁决处理，凡行车事故涉及刑事责任的调查、处理由公安部门进行。事故有关单位、个人协助配合调查工作。